谨以此书

献给为石中高速公路北段工程做出卓越贡献的建设者和各界人士

○ 宁夏回族自治区交通厅 编

延伸的坦途

宁夏石中高速公路北段工程建设纪实

人民交通出版社

编　纂　委　员　会

目　录

在　路　上

（代 序）

1999年9月25日至2001年11月12日，石中高速公路北段工程开工、建成。转眼间，779个日日夜夜过去了，一切都是个短暂的过程，像一阵风。因此，大家笑说，北段工程是一个“短平快”项目。

两年多的时间里，时而向北，时而向南，时而向东。风中来，雨中去。日思夜想，辛苦备尝。和许许多多筑路人一样，这些日子里，一切心思和苦乐都——在路上。

在路上，有困苦也有欢欣，有辛劳更有感动。在路上，一个个真实的故事感人至深。

在路上，在造福人民奉献社会的美好事业中，真的能得到深深地理解、热情地关心、尽力地支持、真诚地援助；真的能享受到执着追求的幸福，梦想实现的快乐；真的能体味到那些默默奉献的公路建设者宽广的胸怀、赤诚的心灵。

作为亲身参与这段高速公路建设的一名交通人，此刻我想说是党中央西部大开发的英明决策，是国家交通部等部委的关怀和支持，是自治区党委和政府的正确领导，是全区各族人民、社会各界的关心和重视，是广大交通职工的智慧和汗水，成就了这条被宁夏人民誉为“腾飞路”、“致富路”的高速公路。

回想建设期间的那些日子，73公里的长路上，到处是热火朝天的奋战场面，到处是人声机鸣的协奏轰响，到处是筑路大军忙碌的身影。

转眸回望，喧闹不见，辛忙不见，困苦不见，欢乐不见，连建设者的身影也不见——他们又踏上新的征程，开始新的奉献——只留下一条像他们一样默默无闻的长路。

是一曲乐章的激越序曲，而非终结；是漫漫长路的不断延伸，而不是完成。事业就像一场接力赛，我们只是尽力地加速跑完了这一程。

从这个意义上讲，应该有一本书，感谢这一本书，记载下这难忘的岁月和艰辛的历程。

是为序。

2002年2月 于路苑

宁夏回族自治区“三纵六横”公路规划图

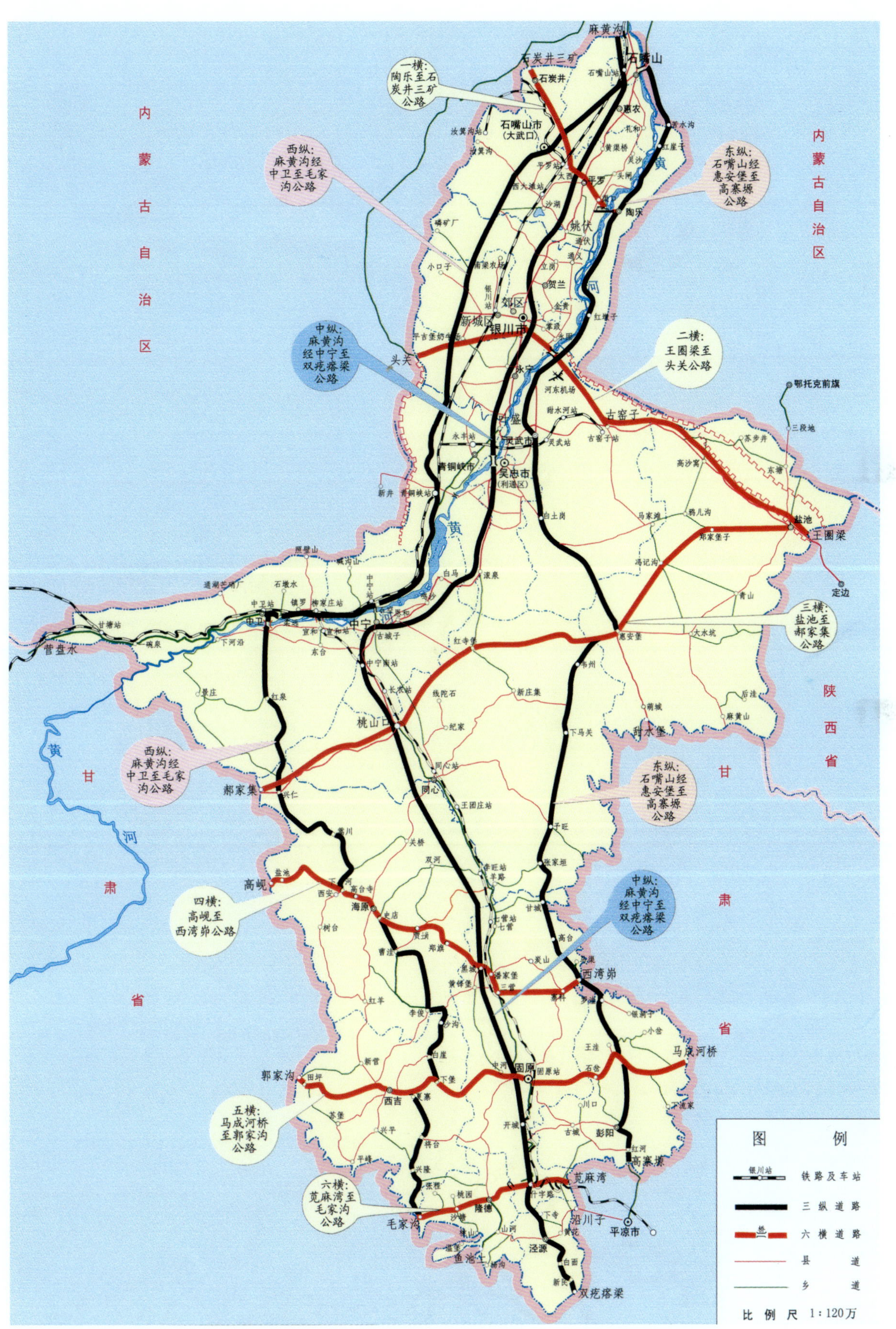

麻黄沟至姚伏

石嘴山市(大武口
大武口乡
隆德县潮湖区公所
二矿农场
沙湖
前进农场
太西镇
沟
水
排
三
第
姚伏互通式立交
至银川
平罗互通式立交
唐
徕
渠
姚伏镇
周城乡
G109
前进乡
平罗县
二闸乡
高庄乡
G109
黄渠桥镇
黄
渠
五
惠北乡
渠口乡
头闸乡
图例
高速公路
收费站
高速公路连接线
国道
普通公路
铁路
渠道
省界
县界
地级市
市、县
镇、乡
河流

高速公路示意图

注：麻黄沟至姚伏段高速公路即石（嘴山）中（宁）高速公路北段

塞上明珠 沙湖

大武口青山公园

不夜的煤城

大武口电厂

大武口区市容

贺兰山岩画

石嘴山武当庙

贺兰山拜寺口双塔

2000年9月7日，交通部部长黄镇东（左二）在自治区副主席于革胜（右二）、交通厅党组书记、厅长海巨增（右一）、副厅长张包平（左一）陪同下视察石中高速公路北段建设工地。

2001年9月13日，自治区党委书记、人大常委会主任毛如柏（右三）在交通厅党组书记、厅长海巨增（右二）、副厅长张全太（前排左一）、周舒（后排中）陪同下视察石中高速公路北段建设工地。

2000年5月23日，自治区主席马启智（右二）在交通厅党组书记、厅长海巨增（左二）、交通厅总工程师方从贯（右一）陪同下视察石中高速公路建设工地。

1999年8月14日，交通部副部长李居昌（右二）在交通厅党组书记、厅长海巨增（右三）陪同下了解石中高速公路北段前期工作进展情况。

1999年11月13日，自治区党委副书记任启兴（前排右二）在交通厅党组书记、厅长海巨增（前排右一）、副厅长张包平（后排右三）陪同下视察石中高速公路北段建设工地。

2000年5月1日，自治区副主席、石中高速公路建设领导小组组长王全诗（左二）在交通厅领导海巨增、张包平、周舒、方从贯陪同下检查石中高速公路沥青拌和站。

自治区省级离退休老干部黑伯理（右三）、白振华（右二）、杨辛（右一）等在交通厅党组书记、厅长海巨增陪同下参观建设工地。

文艺工作者深入建设工地慰问演出

石嘴山市离退休老干部参观建设工地

离退休老干部挥毫赞公路

自治区主席马启智在全区交通工作会议上发表重要讲话，要求交通职工抢抓机遇，埋头苦干，力争早日建成石中高速公路等重点公路工程。

1999年春天召开的全区交通工作会议，成为加快宁夏公路建设的一次誓师动员大会。

石中高速公路北段工程前期工作紧张有序进行

2000年8月8日，建设银行宁夏分行向石中高速公路北段工程一次性贷款6.5亿元协议签字仪式在银川举行。

建设银行宁夏分行专家在石中高速公路北段进行现场考察

建设银行宁夏分行行长魏兴富与交通厅厅长海巨增在贷款协议书上签字

测量定线

外业钻探

征地拆迁协调会

自治区交通厅副厅长、石中高速公路北段工程建设指挥部副指挥长张包平（中）检查征地拆迁工作。

丈量用地

严格按照基本建设程序招投标

自治区副主席王全诗（右二）与交通厅领导海巨增（右一）、张包平（右三）检查工程进展情况。

自治区交通厅党组成员、驻厅纪检组组长、宁夏公路运输工会主席韩广昌（右一）了解职工技术革新成果。

交通厅副厅长张全太（右一）检查工程进展情况

交通厅副厅长周舒（左一）了解工程质量控制情况

交通厅原巡视员孙茂英（右一）向石中高速公路北段工程设计人员颁奖

石中高速公路北段工程建设指挥部副指挥长、交通厅原总工程师方从贯（中）现场检查工程质量。

实行月度综合考评制度，严格工程建设管理。

表彰先进

奉献岗位

战严寒

整 平

洒 水

碾 压

管涵铺设

混凝土浇注

现场监理

焊 接

吊 装

合 龙

路面基层二灰砂砾拌和

路面基层平整压实

空心板安装

跨包兰铁路分离式立交施工现场

机 械 化

施 工

繁忙的工地

严谨务实的工程建设指挥部建设处工作人员

高效优质服务的工程建设指挥部办公室工作人员

汽车驾驶员互相交流安全行车经验

一丝不苟的工程建设指挥部质量安全处工作人员

严格财务管理的工程建设指挥部财务处工作人员

勇当开路先锋的工程建设指挥部协调处工作人员

交通厅党组加大交通宣传力度，为公路建设营造良好舆论环境。

海巨增厅长在建设工地接受上海记者团采访

2001 年 1 月 23 日，中央电视台记者在工地采访海巨增厅长和春节期间坚守岗位的筑路员工。

工程建设指挥部宣传教育处工作人员研究宣传方案

精心制作电视节目

宁夏

工作

修路架桥正当时

我区今年四个重点公路项目

石中高速公路姚叶段全线建成通车

宁夏卷 Ningxia Volume

交通50年

50-YEAR ACHIEVEMENTS OF COM

宁夏交通

NINGXIA JIAOTONG

鼓喉舌唱响主旋律　促发展打好主动仗

交通厅召开全区交通宣传工作会议

塞上江南第一路

展示交通人建设新风采

丰碑无言亦有言

SHIDAIJUJIAO

宁夏日报

时代聚焦

筑就大框架　再创新

建设小而富小而

三年三个大

我区公路建设实现质的飞

宁夏交通

科教兴交　如虎添翼

聚焦公路建设

自治区党委书记、人大常委会主任毛如柏（前排左二）仔细察看工程质量。

从严要求

宁夏交通厅公路
工程质量监督站工作
人员认真履行监督职责

质量检查

集中拌和二灰砂砾

模板拼装

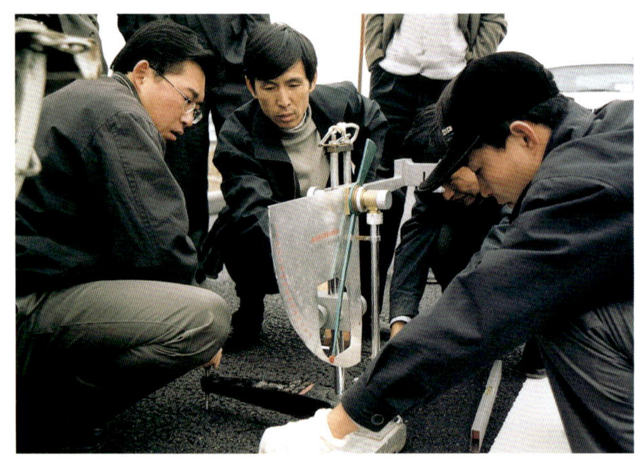

宁夏交通科研所检测中心检测路面摩擦系数

监理工程师检测台背压实度

仔细检查

检测压实度

实测路面弯沉值

测试路面平整度

安全生产常抓不懈

自治区交通厅和工程建设指挥部有关处室负责人现场检查施工安全情况

技术攻关

认真检查

现代化沥青拌和楼

采用钢绞线整体张拉和精轧螺纹连接器工艺预制空心板

三维网治理流沙

封闭隔栅

自治区副主席王全诗在通车仪式上讲话。

交通厅党组书记、厅长海巨增在通车仪式上介绍工程建设情况。

交通厅副厅长张全太在通车仪式上宣读贺信、贺电。

自治区有关部门和沿线地方政府领导出席通车仪式

十位建设功臣为通车剪彩

平罗收费站

石嘴山收费站

收费亭

收费监控系统

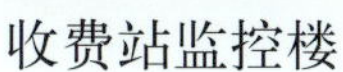

收费站监控楼

惠农收费站

超车道
OVERTAKING LANE
行车道
CARRIAGE WAY
紧急停靠
EMERGENCY PARKING

超车道
行车道

国道主干线
GZ25

0m
50m

严禁长时间
占用超车道
ONLY USE THE PASSING
LANE WHILE OVERTAKING
20

P
石嘴山
SHIZUISHAN
2km

平 罗
PINGLUO
17km
石嘴山市
SHIZUISHANSHI
（大武口）
39km
惠 农
HUINONG
47km

100m
50m
0m

塞上煤城通高速
100 m
50 m
0 m

石嘴山立交

惠农立交

平罗立交

开篇

延伸的坦途

——石中高速公路北段工程建设巡礼

2001年8月31日，塞上江南第一路——姚叶高速公路的北延伸段又是彩旗招展，鼓乐喧天，提前一年建成的姚伏至平罗段通车了。身披绶带、胸佩鲜花的10名建设功臣亲手剪断一条红色丝带，至此，国道主干线25号丹东——北京——拉萨公路在宁夏境内的最北段基本贯通。

抢抓机遇　项目提前一个计划期

1999年11月6日，塞上江南第一路——姚叶高速公路银川段建成通车。当欢庆胜利的锣鼓声还余音袅袅，广大筑路员工还沉浸在宁夏高速公路零的突破的兴奋之中时，自治区交通厅党组书记、厅长海巨增把发展公路交通作为西部大开发第一要务，在他的心灵深处充满了发展和创新的意识。

面对成功，他没有停歇。海巨增像有经验的乐队指挥，轻轻翻开了新的乐谱，引导乐队进入新篇章的演奏。

面对机遇，不能停歇。他又像一个身经百战的战场指挥，审时度势，组织着下一个新的更大的战役。

此时此刻，他想得最多的是姚叶高速公路向北、向南的延伸。姚叶高速公路虽然实现了宁夏高速公路零的突破，圆了几代交通人的梦想，成为跨入新世纪的宁夏交通事业新的辉煌和里程碑，但毕竟是太少了。国家规划建设的“五纵七横”国道主干线GZ25号公路在宁夏境内有352公里，这84公里高速公路虽然融注了许多人的心血，但远不适应宁夏经济发展和社会发展的客观需要。

面对党中央提出的西部大开发宏伟战略和自治区党委发出的“西部大开发、宁夏要争先”的号召，海巨增意识到，一个基础设施落后而闭塞的地区，无权登上现代化经济大舞台。在争先的行列中，交通事业特别是公路基础设施，有着特别重要的作用。“要想富、先修路；公路通、百业兴；小路小富，大路大富，高速公路快富”，这是老百姓从实践中总结出来的深切感受。

姚叶高速公路已经通车，应该趁热打铁，一鼓作气，集中力量建设向北向南延伸工程，力争将GZ 25号公路宁夏段全部建成高速公路，尽快打通连接全区山川南北、通往周边省区的运输大通道，促进宁夏的大发展，为西部大开发提供坚实的交通保障。

1999年10月29日，国务院总理朱镕基来宁夏考察，明确指示，必须“进一步加强基础设施建设”。他说：“加快基础设施建设，这是实施西部大开发的基础。基础设施薄弱是制约西部地区发展的重要因素。要加快进行西部地区大开发，就必须下更大的决心，以更多的投入，加快基础设施建设，特别要加强公路、铁路、机场、天然气管道以及电网、通信、广播电视等基础设施建设。要加快打通西部地区与中部地区、西南地区与西北地区通江达海、连接周边的运输通道。”总理的讲话，又一次极大地鼓舞了宁夏的公路交通职工，也进一步坚定了自治区领导的决策信心，大力发展公路交通，尽快建成完善宁夏高等级公路主骨架，自治区领导要求向南向北延伸工程早日建成。

海巨增、韩广昌、张全太、张包平等交通厅党组一班人和原厅巡视员孙茂英，原党组成员、总工程师方从贯等领导清醒地认识到，虽然公路建设此时占尽天时、地利、人和，但关键在苦干实干，稍有松懈和怠慢，就有可能丧失机遇，那不仅悔之晚矣，而且会犯历史性的错误。

抢抓机遇，自我加压，克服困难，连续作战，这是当代交通职工的迫切愿望。作为党组书记、厅长的海巨增，求战心情更加急迫，他有将梦想变为现实的坚定信心和必胜把握。这信心和把握来自自治区领导的高度重视和大力支持，来自交通厅有一个团结务实、开拓进取的领导班子，来自有一支勇于吃苦、甘于奉献、能打硬仗的公路建设队伍。

建设石中高速公路时不我待，势在必行。

石中高速公路对国家经济建设的战略意义十分明显，就宁夏自身而言，这条公路的建设是一种跨越式发展战略的体现。它具有速度和效率并重，当前发展与长远发展兼顾，经济、社会与生态环境协调发展的重要作用和意义。一旦北段和内蒙古连通，南段与甘肃接连，将大大缩短北去呼和浩特、北京、丹东，西到兰州、西宁、拉萨的时空距离，地球将为之缩小！石中高速公路提前上马，既考虑到当前经济发展的需要，又考虑到未来经济腾飞的需要；既考虑到宁夏自身的需要，也考虑到周边省区和国家经济发展的需要，符合国家“五纵七横”国道主干线规划的总要求。

交通厅的规划和实施意见论证严谨，科学合理，自治区党委和政府全力支持。

可行性报告和初步设计上报后，交通部迅即派出专家组到现场考察论证，一次性通过。石中高速公路北段和南段整整提前一个计划期开工建设，5年的时间就这样硬硬让他们争取到了。

改革的年代，不同的办事效率。在这个过程中，看不到以往那种漫长的公文旅行，看不到部门之间的推诿扯皮。一切都按基本建设程序和标准规范进行，但一切都是快节奏。

1999年9月25日，北段工程万事齐备，水到渠成。

指挥部一声令下，全长73公里的石中高速公路北段全线开工！

高效严格　指挥机构像一台开足马力的机器

石中高速公路北段工程建设指挥部的组建，突出了精干、高效、勤政、廉洁的特点。指挥长、副指挥长分工明确，各负其责，不挂虚职，不当“甩手掌柜”。指挥部的工作人员中，共产党员占一半以上，专业技术人员近三分之二，其中有中高级职称的占一半以上，可以说是人才济济，群英荟萃。

厅党组书记、厅长海巨增，身兼数条高速公路的指挥长，尽管肩上的担子很重，但却总是精神饱满、精力充沛，干起工作雷厉风行，说话办事干脆利落，从不拖泥带水。他自己这样，要求下属也是如此。汇报工作时要提前充分准备，简明扼要。参加党委、政府召开的工作会议，限定发言20分钟，他从不超时。有人问他经验，他说，事先想好，不说废话。对北段工程建设他更是关爱有加，检查指导他来了，落实优惠政策他来了，节日慰问他又来了，从工程质量、工程进度、投资控制，到监理人员的伙食、住宿都是他操心的范围。

从交通厅机关到工程建设指挥部，整个指挥机构就像一台开足马力的机器，在交通厅的组织领导下高速运转，有条不紊地开展工作。说起建设北段工程的感受，他们都不约而同地说到一个“忙”字，忙争取立项、早日开工；忙想方设法、筹措资金；忙制定措施、加快进度；忙加强监督、确保质量。忙得不分八小时内外，忙得记不住节假日，更别说国家规定的公休日。在这个群体，大多数人已经忘记公休和假日的概念。厅领导觉得对不住大家，就让办公室主任和各处室负责人有意识地安排大家公休，但是收效甚微。是啊，有干不完的工作，有处理不完的紧急任务，正常的休息都不能保证，还讲什么公休日。再说了，领导都不休息，谁也不好意思去休。指挥机构又像一台协调运转的机器，忙而不乱，有章法、有程序、有计划、有安排，指挥若定、灵活高效。而每一个成员都像机器上的一个零件、螺钉，各自发挥着重要作用。

在施工的黄金季节里，韩广昌、张全太等厅党组领导，经常深入基层和施工一线，检查工作，慰劳职工，鼓舞士气，认真调查研究，现场解决问题。有硕士学位的副厅长张包平，年轻而富有朝气，作为分管北段工程行政协调工作的副指挥长，他以认真负责的态度，科学严谨的方法，求真务实的作风，为北段工程建设倾注了极大心血，经常带领指挥部有关处室的人员深入工地。在征地拆迁现场，在路基、桥梁、路面施工的各个工地，都留下了他的足迹。作为主持指挥部日常工作的副指挥长周舒，身兼交通厅副总工程师、厅工程管理处处长，对北段工程更是“一往情深”，从工程的招投标、质量管理到解决重大技术难题，费了不少心血。担任副厅长后，更是经常到工地调研检查，解决问题。已近退休年龄的副指挥长、交通厅总工程师方从贯，仍然兢兢业业为工程建设操心，主持科技攻关，解决技术问题，退休后仍一如既往地奔忙在工地上。

从项目立项、开工建设到建成通车的5年多时间，交通厅机关工作人员都做出了巨大努力。为加强建设管理，厅机关部分业务骨干被抽调充实到工程第一线，于是各处室工作量成倍增加。厅计划财务处在处长李茂惠、副处长芮宁华、张彪及原处长罗藻滨的带领下，从工程立项到开工建设，做了大量的前期工作，付出了辛勤的劳动，为争取项目早日开工，他们不辞辛苦地向交通部、自治区有关部门反映情况，争取理解，求得支持；为落实工程建设资金，他们到区内银行和在北京的总行跑了不少路，做了不少工作；为争取优惠政策，他们与有关厅局多次协商、谈判，争取支持，也受了不少委屈。他们的不懈努力和辛勤工作为工程顺利建设提供了重要保证。

在两年多施工建设的日日夜夜，指挥部工作人员深感责任重大，始终不计个人得失，不畏艰难困苦，团结拼搏，无私奉献，成为一支政治强、技术精、作风硬的建设管理队伍。指挥部工作人员很少坐办公室，几乎都是在现场忙碌，协调征地纠纷、变更局部设计、检查施工进度、监督工程质量、月终综合考评都是在施工现场进行。

精品工程　人人心头一把尺

石中高速公路北段一开始就提出了创建“精品工程”的口号。

这些年，工程质量成为全社会关注的焦点，因为，百年大计，质量第一。朱镕基总理在视察南京第二长江大桥时有这样一段语重心长的讲话：“严格要求，严格制度，严格管理，严格责任。要有对国家、对人民、对历史极端负责的精神和一丝不苟的认真态度，扎扎实实把工程建设质量提高到一个新水平。”总理的这段话不仅指南京第二长江大桥，而是对所有公路建设的指示，是对一切建设行业的殷切希望和严格要求。指挥部将总理的要求印制成标语，张贴在办公大楼和各个合同段的施工现场，为的就是让每个人每天都能看到，牢记在心，落实到行动中，贯彻到工程建设的每一个细小环节。

海巨增厅长对总理指示的体会更深，质量是工程的灵魂，质量责任重如泰山。

有一天，他去贺兰山下检查公路建设工地，发现了一块硕大的石头，就让人将这个重达20多吨的石头运回银川，竖立在宁夏交通厅的大门口，并在上面亲自题刻了“路魂”两个遒劲有力的大字。他经常在职工中讲，建公路要讲求质量，质量是灵魂，工程质量要坚如磐石，不能有丝毫的马虎。

为此，他和交通厅党组一班人及指挥部对质量常抓不懈，年年讲，月月讲，天天讲，逢会必讲。归总一句话，第一是质量，第二是质量，第三还是质量。

海巨增重视工程质量，与他教授级高级工程师的身份有很大关系。他说过这样一段话，在我的潜意识里，有一个质量第一的观念，我是学土木工程专业的，从学校出来，就长期从事基础设施建设，一旦工程质量出了问题，责任给谁？我这个交通厅长兼着指挥长，别人看着潇洒，我自己是战战兢兢，如履薄冰，时刻提醒自己，在我的手上绝不能出次品！

1998年7月，自治区党委、政府召开经济形势分析会，各厅局都要汇报工作，发表意见。轮到海巨增，他只讲了8分钟，只说了一个问题——建设中的质量问题，发表了独到的见解。有人认为老海走了题，但是党政主要负责同志听得入耳入神。过了半年，全国上下果然出现了抓工程质量的热潮。

有人说，海巨增在这个问题上超前了。其实他只是用心研究，思维敏锐罢了，当然也是他长期工作经验的积累。

海巨增在自治区计委当副主任时主管基本建设投资，直接参与了银川河东机场和大古铁路的建设。当了交通厅厅长以后，先后主持5条高速公路的建设，深感责任重大。他对厅里其他领导和指挥部的全体人员说，质量问题，说到底是人的素质问题，是责任心、技术水平、业务能力、职业道德的综合体现。因此，抓质量就要抓人头，抓思想教育。

在他的倡导下，指挥部在全体参建人员中开展了“质量在我心中、质量在我手中”的活动，让质量意识深入到每个建设者的心中，渗透到工程的每一个角落。

为了创建精品，指挥部严格推行招投标制、工程监理制、合同管理制，制定了一整套相应的质量管理制度，建立了三级质量保证体系。

总监理工程师母德馨，是一位经验丰富的高级工程师，过去监理过多条高速公路施工，如今已60多岁，精力旺盛，从开工到竣工，始终坚守在第一线。他说，监理是智力劳动，也要靠体力支撑。驻工地的监理必须“旁站”，施工的关键工序不可须臾离人，必须做到腿勤、手勤、眼勤、嘴勤，全方位、全天候、全过程地服务，是我们搞监理的基本要求。监理也必须有责任心，讲求职业道德，我们总监办对自身的工作人员要求很严，“打铁先要自身硬”，这句话不无道理。从开工到现在，我们先后处分、辞退监理人员7名，保证了监理队伍的纯洁性，用我们的行动体现了“严格监理、规范服务、秉公办事、一丝不苟”的监理宗旨，说到底，就是对国家、对人民、对历史负责。

母德馨对情况熟悉，记忆惊人。没有翻看任何资料，脱口而出，讲了如下数字，简直像个“活电脑”：

工程刚开始，驻地监理一办发现水泥混凝土砂石料不合格，我们坚持标准，退回不合格材料400多方。

监理工程师发现4合同段12吨螺纹钢不合格，坚持不准使用。这事牵扯面广，指挥部要求一查到底。提供钢材的厂方经理、总工、技术员、销售部主任等等，来了一大帮，又是检讨，又是求情。但是为了确保工程质量，不但退回12吨不合格钢材，而且终止了原来签订的200吨钢材供应合同。

8合同段的路基用土，设计单位推荐用西大滩土场，大面积施工后难以压实。指挥部和总监办决定更换土场。这一变更增加不少运费，但为了对工程质量负责，必须这样做。

4合同段刚开始分层碾压路基的时候，本该每层松铺厚度不超过30cm。承包单位为了省工省时，一次垫土40至60cm，监理指令全部返工。

8合同段砌筑护坡，水泥砂浆砂子不过筛，指令他们返工重砌，并严厉批评了驻地监理。

5合同段有一个箱通侧墙大面平整度差，虽不影响内在质量，但不符合精品工程“内实外美”的要求，最后决定炸毁重做。

仅在2000年的施工中，先后清除不合格的砂子425方，碎石715方，片石318方，钢材48吨，水泥混凝土330方。

……

建设工地上还流传着一位“铁面监理”的动人故事。

他叫韩帮源，毕业于重庆建筑工程学院公路工程专业，在交通系统干了30多年，做过设计，搞过监理，现在是华吉公路工程监理咨询公司的高级工程师。因为他一贯坚持原则，对他属下的监理人员要求严格，对施工中存在的隐患和违规现象处理不徇私情，不手软，被人称为“铁面监理”。

“铁面监理”受公司派遣，在石中高速公路北段任驻地一办高监，负责4个合同段监理工作。副手马荣，是90年代初从西安公路学院毕业的年轻人，因为受老韩的影响，不但业务水平提高快，脸也“硬”起来，有点铁。他们二人虽然身为领导，却不在办公室呆，而是天天往工地跑，亲自监督。老韩经验丰富，对施工中的细枝末节一眼就能看透，堪称“火眼金睛”。一旦发现粗制滥造或违规操作，轻则严厉批评，重则返工重做。有些承包人看见他，能躲就躲。可是“跑了和尚跑不了庙，躲了初一躲不过十五”，韩监理天天在工地，你能躲到什么地方去？后来老韩给他们讲利害关系，他们也就明白了，韩工这是对咱好，要不把工程隐患消除在萌芽阶段，做成以后再返工，损失还不是自己的？

对工程质量严格要求，分毫不让，对其他监理人员也是严格管理，不徇私情。韩帮源监理的几个合同段，有宁夏公路工程局的几个工程处，是他曾经工作过的地方，有些合同段的项目经理还是他的朋友、老熟人，这种局面，对监理来讲，就有些困难。尽管常处两难境地，但韩工在原则问题上却寸步不让。有个桥梁施工队，一度追求进度，忽视质量，经多次指出仍不改正。韩工一边向上报告，一边下了立即停止该合同段的计量支付，清退合同段桥涵工地负责人和技术负责人的书面指令，同时更换了该合同段监理组长。更换监理组长，这无疑是“挥泪斩马谡”，因为那个被辞退的监理组长曾和他共过事，还给他当过组长。现在这样做，实在于心不忍，但为了工程质量，他在情与理的天平上，毅然选择了后者。

韩帮源领导的监理办有28名监理，由于他的严格要求，个个坚持原则，监理得力，2000年年终综合考评得了第一，又领奖牌，又拿奖金，好不令人羡慕。他们的辛勤工作，得到了应有的回报。

用高新技术提高工程质量，是石中高速公路北段创建精品工程的又一措施和成功秘诀。北段工程在引进设计、检测、管理等方面的新技术中，决策大胆，投资到位，对提高工程质量发挥了重要作用。

勘测设计，采用GPS全球卫星定位系统、计算机辅助设计等先进技术，虽然大多数外业工作都是在风沙弥漫的冬季，但得出的数据十分精确，毫无差错。

监理工作中的分析化验、数据计算，都采用性能先进的专门检测设备。

工程的进度和计量支付等，只要按一下鼠标，马上就能从指挥部的电脑上显现出来，一目了然。

高度的机械化为工程质量和提前工期创造了必要的条件。两台从意大利引进的玛连尼间歇式沥青混合料搅拌设备，电脑控制，每台只需3个技术人员、5个普工，机器就可以正常运转，每小时出沥青混合料400多吨，20吨的大型翻斗车流水般地拉运，实现了混合料的工厂化生产，全线47万吨沥青混合料全出于此。在这里既看不到老式搅拌机扬起的灰尘和沥青的污染，也听不到咣当咣当的噪音，工人的劳动强度降低了，质量得到了保证，环境得到了保护，效率也大幅增长。

还有从德国进口的摊铺机、压路机，不仅速度快，而且铺出来的路面，既平整又密实。

除了引进，指挥部的技术人员还开动脑筋，与施工单位配合，钻研新技术，应用新工艺，在提高质量上狠下功夫。

有“五虎上将”之称的建设处，是指挥部精干、高效的缩影。负责人葛正鹏是60年代支宁的知识分子，在交通系统一干40多年，参与过3座黄河大桥的施工。副处长、高级工程师吴永祥和3名工程师，在老葛的带领下，除了组织、协调、管理工程建设，做好投资控制、合同管理工作外，在厅总工程师、副指挥长方从贯的指导下，与其他部门的技术人员配合，推广应用了两项科研成果。一项是预制板整体张拉技术，提高了工效，减少了钢绞线的浪费；另一项是改进薄壁桥台混凝土施工工艺，在混凝土中添加纤维网，增加横向钢筋，设置假缝，严格控制混凝土浇筑温度，加强养生，避免了裂缝。

这些工艺不仅在石中高速公路北段被广泛使用，而且在其它路段推广，提高了工程质量。

老百姓好　征地拆迁一路绿灯

“老百姓好”，这是征地拆迁工作人员发自内心的感叹和体会。北段途经2县1区24个行政村，牵涉1500多农户的土地征用和拆迁问题。由于当地政府的全力支持，先期做了深入细致的思想工作，在具体问题上人民群众给予了充分的理解和热情支持，以大局为重，个人利益服从国家利益，为高速公路建设提供了良好的外部环境。

1999年4月16日，北段工程第一次征地拆迁工作会议在平罗县举行，这是一次现场办公会。能够容纳百人的会议室座无虚席，有关市县乡镇的负责人和自治区计划、财政、交通、土地、林业、水利、电力、文物、环保等部门的领导都齐聚在这里。

塞上四月，春意融融，会议室里气氛热烈。大家都为宁夏又一条高速公路的兴建欢欣鼓舞，用各自的想象描绘着高速公路建成后的美好前景。

当会议进入征地拆迁主题时，会场气氛马上变得凝重、严肃起来。

全长73公里的北段工程，需征用土地365.6公顷，拆迁各类建筑面积8300多平方米。统计数字看着简单，但事关人民群众的切身利益，任务艰巨。石嘴山市市长，平罗和惠农县的县长，石嘴山区的区长，个个拧着眉头，表情严肃。他们知道，征地拆迁要照顾处理好每一户农民的利益，工作的艰巨性是显而易见的。但公路建设又是关系国家经济发展和西部大开发的大事，又必须以大局为重。石嘴山市市长马瑞文说，石中高速公路北段工程，我们石嘴山是直接受益的地方，要全力支持。他既是市长，又是征地拆迁指挥部的指挥长，事先对征地拆迁方面的问题做过调查，成竹在胸，提出来的问题实实在在，又都是关系到政策和老百姓切身利益的事。

马市长一讲话，县长区长们跟着发言，讨论得很热烈。

海厅长说话了，修路是国家建设的大事，老百姓的事也不是小事。我是从石嘴山出来的干部，在大武口当过区长，对这个地方和老百姓也有感情。征地拆迁的补偿，上面有明文规定，我们会照章办事，全面兼顾。

直率坦诚而富有感情的一席话，赢得了热烈的掌声。

后来的事实证明，这是一次成功的会议，也是一个良好的开端。

把征地拆迁的担子压在当地政府的肩头，这是一个好的工作经验。市、县（区）、乡（镇）都成立了征地拆迁指挥部、办公室等临时机构，调配了专职工作人员，切实负起了责任。

有了当地政府的支持配合，有他们深入细致的思想工作，征地拆迁一路绿灯，矛盾一发生就能及时得到解决，没有出现过严重的阻挠施工事件。工程建设指挥部协调处的同志在通车庆典之后，追忆往事，无限感慨地说，老百姓好，地方搞征地拆迁的同志辛苦，应该给他们记上一功！

一句“老百姓好”，道出了征地拆迁工作顺利进行的全部秘密。

2000年夏天，路基工程正处于最后的攻坚阶段，惠农县燕子墩乡汪家庄的一些村民阻拦了运料车辆。他们不要钱，要理。建设工地运土的车辆从汪家庄通过，那是早年修的生产路，可以走拖拉机。运输车辆走这条路事先是做了工作的，当初，农民很爽快地答应，路就是走人走车的嘛，现在国家修高速路，是好事，拉土的汽车从这里过，应该的，只管走好了。施工前，工程建设指挥部又对这条路进行了加宽、整修。但后来事情发生了变化，过往车辆的数量和载重的吨位大大超出了村民原先的想象，有的涵管被压坏了，庄稼蒙上了灰尘，个别房屋有了裂缝，影响到村民的生产和生活。

协调处的人员和县乡干部急忙赶赴现场调解，给群众做工作，说好话，同时要求施工单位尽快修复压坏的涵管，加强道路养护，勤洒水，减少扬尘，并对造成的损失给予补偿。

有人听说阻车停工两小时，国家损失很大，态度和口气马上有了变化。

“多数时间挨过来了，也不在乎这几天，过吧，过吧。”

此后一段时间，他们依然承受着施工带来的干扰。原先站在拦车人群前面的汪大爷说，汽车喇叭吵，崩灰渣子，都是暂时的，修公路是长久的大事，咱们忍一忍吧。

老百姓多好！把理解和支持都表现在了实际行动中。

汪家庄的问题刚刚解决，平罗前进乡关渠村的问题又冒了出来。

那天，指挥部协调处工程师杨忠荣刚从工地回来，已到中午下班时间，准备回家看看，差不多半个月没进家门了。刚出办公室，电话响了，是平罗征地拆迁办主任李自福打过来的，话音急切：“老杨，你快过来。”

“啥事情嘛，这么着急？”

“关渠的人涌到路上，挡着不让干活。”

“为啥？”

“电话上说不明白，你快过来。”

是求援，也是命令。

杨忠荣空着肚子立即赶往现场。好在姚叶高速公路已经通车，半个小时就到了关渠。倒也没有十分激烈的争吵，是一种文明的静坐，说是高速路挡住了他们的生产路，“日子没法过了！”

“有这么玄乎？”

“早先，我们庄子上通往西洼里的农用车道有七八条，开手扶也好，骑摩托也好，一踩油门就到，最多半根烟的功夫，步行也就20分钟。现在把所有的路口堵死，只留一个洞洞，叫什么‘箱通’，箱子能过人吗？大个子进去，磕头碰脑的，草帽也刮掉了，别说走车了！”

过分夸张的述说，把他们自己也惹笑了。

夸张归夸张，实际问题还是存在。

关渠村的对面正好是高速公路的一个立交桥，不能留太多的“箱通”，只留了一个，但高度有点不够。大个子碰掉帽子是个话，但收割机、拉麦子的手扶拖拉机没法通过却是事实，直接影响农民生产生活。

杨忠荣和李自福在征地拆迁过程中，身经百战，经验丰富，但这种涉及工程设计、农民利益的问题，并不是说些好话就能解决的。事情一出，他们立即向指挥部报告，并向当地政府求援。

前进乡的刘建国乡长很快到了现场。村民们看到自己的乡长，上前就嚷嚷：

“乡长你来看看，这个问题不解决，生产没法搞！”

“有问题找政府反映，不要妨碍施工！造成损失谁来负责？”

“损失？我们农民的损失谁来负责？”

对于这种公开的顶撞，乡长并不介意。他好言相劝村民，眼下正是农忙，坐在这里干什么？还不是耽误自己！通道的问题包在我身上，一定让大家满意。

刘乡长等村民离开现场，马上和老杨、老李他们商议，提出加深通道、修生产路的意见。马上要收麦子，这事不能拖延！

问题很快提到指挥部的议事日程上，又很快做出了决定：加深通道，考虑大型农机具的因素，在高速公路线外修一条农用生产路。

尽管这样，农民还是做出了牺牲。

关渠村有一半耕地在西洼，过去下地劳动，平路直线，省时省工省油料。现在得走弯路，步行需一个小时，手扶也得20分钟。村里有一个能说会道的人，在问题得到解决以后说了这样的话，“时间就是金钱。大款的时间是金钱，科学家的时间是金钱，知识分子的时间是金钱，我们老百姓的时间也是金钱。但为了修高速路，为了国家的利益，我们也就不说这个话了，绕路就绕路，权当是给国家做贡献吧。”

有一户农民，省吃俭用，刚盖起新房，路线正好经过他的新宅，必须拆迁，他哪里舍得？老婆哭，孩子闹，自己也心烦。可他还是搬了。拆房子的时候他说，这一拆一建，我吃大亏啦。可是比起国家的高速路，又不值一提，总不能因为我们一家让直溜溜的汽车路拐弯吧！

指挥长海巨增听到这话，很受感动。他在指挥部的一次会议上说，我们修高速公路，从大道理上讲，是为了改革开放，发展经济，富国利民，但具体到拆迁村、拆迁户，就不能光讲大道理，要认真对待群众反映的问题，正视他们的困难。知民情、通民理、办民事、解民忧，是我们共产党人办任何事情的原则。修路的目的不是要让老百姓富起来吗？要切实维护群众利益，只有把群众的积极性调动起来，得到他们的支持，我们的高速公路建设才会顺利。

听了指挥长这一番入情入理的话，指挥部的工作人员个个心领神会，出主意，想办法，为沿线人民群众办实事，做好事。石炭井沟口土场往6合同段运料的路要绕行太西镇。建设处经过反复踏勘，利用沟塀修了3公里的三级路和1座永久性桥梁。虽然修路修桥花了70多万元，但在缩短运距的同时，又把平罗县二闸乡与大武口区连接起来，缩短了城乡距离，二闸乡的农民来去方便多了，当地老百姓十分高兴。

石中高速公路平罗监控分中心原计划征用土地60亩，位置也选好了，是一片尚好的耕地。正在这时，建设处得到一个信息，平罗县焦化厂面临破产倒闭的困境。焦化厂离规划中的监控分中心不远，工厂占地也是60多亩。县里的领导正在为工厂倒闭、工人上访的事大伤脑筋。指挥部抓住这个机会，通过认真研究比选，决定购买这个厂子。这是个皆大欢喜的结果，焦化厂用所得的钱还清了银行贷款，解决了工厂职工的养老保险，工人不再为生活问题上访，群众高兴，政府满意。对指挥部来讲，既少占了耕地，又节省了资金。

大路远伸　筑路人奉献在漫漫长路中

如果说石中高速公路北段是宁夏公路史上的又一座丰碑，那么这座丰碑上镌刻的名字，应该是成千上万的筑路员工。然而，当你想要追寻他们的业绩，讲述他们可歌可泣的感人事迹时，却是困难的——那些真正的英模是无名的，所有为公路建设流血流汗的人们，任何一个人都没有想到留名，他们像筑路石一样平凡，又像脚下的路一样默默无闻。

她的名字叫耿桂兰，是率领上百人的机械队队长，看上去却很朴实。

项目经理介绍她时，用了高度概括的语言：桂兰是我们工程处的第一个女压路机手、第一个女党员、第一个女工程师、第一个女队长、第一个“三八红旗手”……

指头压到第六，“第一”还没有完。耿桂兰截住顶头上司的话说：好啦好啦，什么第一！我不过是工资名册上排第一罢了！当然，干活我也在前头——必须在前头，要不，当什么队长？算什么党员？

真是快人快语。

耿桂兰是中专文化，参加工作却被分配到机械队开压路机。压路机人人都见过，但很多人不知道开压路机的滋味。开压路机就意味着和舒适二字绝缘，那就得经常顶烈日冒风沙，每天要把东边的太阳送到西边，有时候还得披星戴月。当初一个白白净净的女孩，因为多年的风吹日晒，如今容颜已改。和她搭档的副队长靳铭，是个壮实的小伙子，这样揶揄他们的队长：我们耿队长去银川采购机器配件，在街上，同胞们把她当作非洲来的外宾了。

“去你的，敢和大姐开玩笑，当心我给你穿小鞋！”

起初，耿桂兰的任务单纯，只是个压路机驾驶员，如今当了队长，什么都得操心。替别人顶岗，摊铺机、压路机、装载机、大吨位翻斗车，样样都能开，还得会修理。有一次，摊铺机的链条断了，她组织连夜抢修，从晚上11点开始，一直到第二天凌晨5点才把机器修好。5点钟又是上班往工地走的时间。她匆匆喝完一碗稀饭，手里拿个馒头，边吃边往工地赶。

为什么这么急迫？入伏天，连续高温，正是铺沥青路面的黄金季节，哪能错过？

是的，铺沥青路面，太阳晒得越厉害，气温越高，铺出来的油路面就越平整，碾压得越密实。北段工程的标准是精品，外观也很重要，他们决心给人们留下一个好的“第一印象”。

由于全球气温变暖，从来没有过的高温天气这几年出现了,36℃、37℃、38℃……不管多热的天气，筑路工人得在太阳底下干活。预报的气温是38℃，而压路机和摊铺机的驾驶室里就不是这个温度了。高温拌和出来的沥青混合料，通常在150℃左右，摊铺机、压路机完全处在热料的包围之中，驾驶员根本无法挨座位，身上的汗像水一样往下流。

耿桂兰说，并不是我一个人这样辛苦，全队的同志都这样拼命，特别是那些女驾驶员，和小伙子们一样摽着干。她顺口说出了几个名字：靳小红、庄小燕、李兰英、晏霞……

项目经理丁宝贵，已经是50岁的人了，仍然坚持在工地，和年轻人一起苦熬。天气最热的时候，他曾两次中暑晕倒在施工现场。同志们劝他回家休息，他说，现在我们打的是攻坚硬仗，这个时候怎么能离开？他一直坚持到路面工程全部完成。

有一个叫马光荣的老师傅，哪里有困难他就出现在那里。机械设备出现故障，不论是国产的，还是进口的，他都主动揽过来。说来奇怪，他一上手就好了。小伙子和他开玩笑，马师傅莫非有什么魔法不成？老马说，哪来的魔法？还不是多动脑筋，多花力气，多用工夫罢了。有人问他为啥尽捡难活干。他说，如果只捡轻松、舒适的活干，受不得苦，吃不了亏，怎么对得起共产党员的称号？

元月，宁夏的银北地区朔风凛凛，天寒地冻。受命搞初步设计的宁夏公路勘测设计院，是获得自治区"五一"劳动奖状表彰的单位。院长李建宁亲自领兵到贺兰山下实地勘察，只用了25天就完成了初步设计的勘测任务，为项目提前开工建设做好了重要的基础工作。

协调处从征地拆迁开始到整个工程完工，始终处在和群众打交道的前沿阵地。杨有明、唐明新、袁占魁、杨忠荣他们先后在现场处理纠纷100多起，把平罗、惠农的一些乡村当成亲邻，常来常往。但他们不提自己，总是说县乡的同志辛苦。安学明、徐英明、崔新平、李爱民、李自福这些县乡负责征地拆迁的干部，为了解决征地拆迁方面的具体问题，不知跑了多少路，进过多少家门，说过多少好话，工作又没个时间性，节假日也不得安宁。

质量安全处处长刘勇、副处长王洪林，是很难在办公室找到的人。他们的汽车一年跑了8万多公里，管后勤的同志且笑又怪：刘处长啊，你不爱护汽车，难道连自己的身体也不懂得爱惜，疯跑疯跑的！

"我什么都想爱惜，更想坐在办公室里喝茶看报纸。可你说说，哪件事比质量和安全重要？这些事你不到现场，心里根本不踏实。"

"你看你的汽车都跑成什么样了！"

"有什么办法呢？修路的没好路走，再好的车也吃不住颠。"

负责建设资金财务管理的财务处，从处长徐其祥到每一个财务人员，想工程之所想，急工程之所急，既严格按制度办事，又热情为工程建设服务。宣传教育处几位笔杆子充分发挥新闻媒体的宣传作用，策划、组织了一个又一个宣传活动，为工程建设营造了良好的舆论环境。办公室副主任毕世荣，是从西安矿业学院地质系毕业的技术干部，笔头利索。他对石中高速公路的情况非常熟悉，一口气就如数家珍地介绍了两个小时。说到办公室本身的工作，他却谦虚起来，说尽是一些服务性的琐碎事，没有啥可谈的。倒是用欣赏的口气提到了一个人，就是搞后勤的朱新芳。后来去工地采访，正好由小朱和建设处的工程师贾斌陪同。朱新芳和他的名字一样，带着几分腼腆，但干起工作来却是雷厉风行。这位部队转业的营职干部，现在负责分散在全线上的监理工程师的吃住行等琐碎事，却一点怨言也没有。他完全放下营长的架子，奔波于施工线路上，为监理工程师物色办公地点，租借房屋，起灶开伙，样样想得周全，事事办得妥贴。小朱讲不出什么豪言壮语，只有一句简单质朴的话：我提高服务质量，为的是让他们提高工程质量，目的都一样，就是把路修好。

作 者 附 记

采写好这篇文字，作者没有通常那种划上最后一个句号的轻松感，反而有一丝不安。因为我在文章中提到了一些人，尽管他们的事迹很感人，但这样做，违背了当初采访时对采访对象的承诺不提他们的姓名。上至指挥长，下至普通职工，都曾向我提出过一个要求，工作是大家做的，不要突出个人。

我答应过他们，但在写作过程中，为了行文叙事的需要，不得不提到一些人。我真诚地请他们谅解！我想，并非在文章中出现了某人的名字就是突出这个人。

谁都清楚，73公里长的石中高速公路北段工程，融注了各级领导和社会各界的重视和关怀，浸透着广大人民群众的企盼和支持，凝聚着全体参建人员的辛劳和汗水。它是集体劳动的成果，是众多建设者智慧和心血的结晶。

一篇走马观花、蜻蜓点水式的单薄文字，实在无法将宁夏高速公路如火如荼、热火朝天的恢宏场面和建设者动人心弦的事迹一一表述出来，好在有不断延伸的像丰碑一样的长路在记载着他们的功绩。作为一个宁夏人，我只能以这篇纪实的文字，向建设者们表示深深的敬意！

2001年11月

上篇

凝固的乐章

如果说建筑是凝固的音乐，那么高速公路则是其中壮美的一章；如果说高速公路是凝固的音乐，那么活跃在建设工地上的一支支建设大军则是其中坚实的音符。为实现石中高速公路北段顺利通车，在塞上北部广袤的戈壁滩和无垠的原野上，建设大军又一次奏响了激越、高昂、凝重、完美的乐章。

激越的序曲

宁夏麻黄沟至姚伏高速公路（习惯称石（嘴山）中（宁）高速公路北段），是国家规划的国道主干线“五纵七横”中丹东——北京——拉萨公路（简称GZ25号）在宁夏境内的一段，也是宁夏第一条高速公路——姚叶高速公路的向北延伸。它像一条黑色的缎带，把宁夏首府银川与北部工业重镇石嘴山市紧密联结起来，这条不断延伸的坦途，是全区各族人民的致富之路、希望之路，也是宁夏的一条开放之路、腾飞之路。

石中高速公路北段的建成通车，是自治区交通厅党组认真落实江泽民“三个代表”重要思想和实施西部大开发宏伟战略的具体行动；是在自治区党委、政府正确领导和交通部的大力支持下，科学决策、精心准备、周密组织的成功实践；是广大交通职工兢兢业业、勇挑重担、任劳任怨，社会各界顾全大局、无私奉献、全力支持的丰硕成果。

石中高速公路北段北起宁夏与内蒙古交界的麻黄沟，接内蒙古自治区规划建设的临河至麻黄沟公路，经石嘴山区、惠农县、平罗县，南止平罗县姚伏镇，与已建成通车的姚叶高速公路相接，全长73.275公里，全立交、全封闭、全部控制出入；设计行车时速为80公里，双向4车道；在石嘴山区、惠农县和平罗县设置3个互通式立交；工程总概算14.19亿元，建设工期3年。1999年9月25日破土动工，姚伏至平罗20公里于2001年8月31日先期通车，其余路段于2001年11月12日通车，圆满地实现了工期提前、质量优良、投资不超概算的建设目标。

一、果断决策，精心做好项目前期工作

就在姚叶高速公路开工建设不久，时任交通厅党组书记、厅长的陈敏求等领导已经开始着手实施南北延伸的规划设想。当时，就全区公路交通状况而言，高等级公路比例偏低，在全国还处于比较落后的地位，高速公路建设刚刚起步，要想解决公路交通制约经济发展的“瓶颈”问题，必须建立以高等级公路为主的全区现代化公路交通网。自治区和交通厅领导抢抓机遇，果断决策，乘势而上，开工建设姚叶公路向北向南延伸工程，将首府银川与经济较发达的石嘴山、吴忠市用高速公路联为一体，形成南北运输大通道，为宁夏经济振兴提供强有力的支撑。交通厅抽调精兵强将，加紧工作，石中高速公路北段工程各项前期工作紧锣密鼓、紧张有序地展开。

1997年8月22日，交通厅委托中国公路工程咨询监理总公司北京路捷工程咨询有限公司和宁夏公路勘

测设计院共同进行石中高速公路北段项目建议书编制工作。同年12月，项目建议书编制完成。

1998年5月19日，自治区计委和交通厅组织沿线各市、县（区）的负责人和区内公路专家对项目建议书进行评审，并予通过。

1998年8月13日,交通厅向交通部上报了《国道主干线丹东——拉萨公路（宁夏境）麻黄沟至姚伏段公路建设项目建议书的报告》。

1998年7月21日，交通厅委托宁夏公路勘测设计院编制《石中高速公路北段工程可行性研究报告》(以下简称工可报告)，8月20日，编制工作完成。

1998年8月25日，自治区计委组织沿线各市、县、区政府的负责人和区内公路专家召开工可报告初审会议，并通过初审。

1998年8月26日，交通厅向交通部上报了《关于报送国道主干线丹东——拉萨公路（宁夏境）麻黄沟至姚伏段工程可行性研究报告的报告》。

1998年9月25日，交通部专家组来宁审查工可报告，并于同年11月30日予以批复。批复中明确，“为加快该公路建设，不再审批其项目建议书”，同意路线起于麻黄沟、止于姚伏，全长73公里；在石嘴山、惠农、平罗3处设置互通式立交；全线采用4车道高速公路标准，行车速度采用80公里/小时，路基宽24.5米。工程可行性研究报告的及时批复为北段项目的加快建设创造了条件，赢得了时机。

1999年2月5日，设计单位编制完成了《国道主干线丹东——拉萨公路（宁夏境）麻黄沟至姚伏段工程初步设计文件》(以下简称初步设计)。

1999年2月8日至14日，自治区计委、交通厅组织专家对初步设计文件进行初审，并形成初审意见。2月28日，自治区计委和交通厅向交通部上报了《关于报送国道主干线丹东——拉萨公路（宁夏境）麻黄沟至姚伏段工程初步设计文件的报告》。6月22日至25日，交通部组织全国资深专家来宁对项目的初步设计进行了现场审查。8月27日，交通部以交公路发［1999］441号文件正式批复了初步设计，明确了起讫点、建设规模、标准等，将工程总概算核定为14.19亿元（含建设期贷款利息），确定总工期（自开工之日起）3年。初步设计的批复，标志着项目前期工作已全部完成，进入实施阶段。

石中高速公路北段工程的前期工作整整历时2年，交通厅在每一个阶段性工作完成后，都会同自治区计委组织专家、各有关部门及沿线市县负责人审查，广泛听取各方意见，严格把关。设计单位根据审查意见对报告、设计进行修改后，再由交通厅上报交通部，按交通部批复意见进行下一阶段的工作，力求工程设计符合宁夏的实际情况。

在项目前期工作开展过程中，石中高速公路北段工程建设指挥部（以下简称指挥部）严格执行国家基本建设项目的有关规定，认真做好工程环境保护、水土保持、文物保护等方面的工作：委托西安公路交通大学编制完成了环境影响评价大纲、环境影响报告书，并通过交通部、国家环境保护总局的审查批准；委托自治区水利水电工程勘测设计院编制完成了水土保持方案初步设计报告,并通过自治区水利厅的审查;委托自治区文物局对路线压覆地面文物古迹进行调查、清理和保护。

二、加强领导，给予优惠政策扶持

自治区人民政府对石中高速公路北段的建设非常重视，为加强领导，确保工程建设质量和如期完成建设任务，于1999年3月22日成立了以自治区副主席王全诗为组长的石中高速公路建设领导小组，下设石中高速公路北段工程建设指挥部和征地拆迁指挥部。有关市、县（区）根据自治区人民政府的通知，也相应成立了征地拆迁分指挥部或征地拆迁办公室，领导、组织、协调工程沿线的征地拆迁工作。自治区编委及时批准设立了工程建设指挥部内设机构、人员编制和领导职数。各级领导机构的建立为工程有序进行提供了可靠保障。

1999年5月14日，自治区人民政府在石嘴山市就石中高速公路北段的征地拆迁工作召开专题会议，研究建设中的有关优惠政策，确定了征地拆迁的补偿标准、完成时间。

1999年9月10日，自治区人民政府向各市、县（区）人民政府及自治区有关部门下发了《自治区人民政府关于对重点公路建设项目给予优惠政策扶持的通知》。通知指出，高等级公路建设项目资金投入大，工程征地拆迁及施工任务重，各方面必须给予大力支持和协助，决定对北段工程建设项目的耕地税、施工营业税即征即返，对砂石和路基用土的采挖免征资源补偿费、采矿权使用费。通知要求各级政府、各有关部门要从大局出发，互相配合，做好沿线群众工作，引导沿线群众积极支持公路建设。同时，自治区政府以宁政发[1999]131号文件向国务院上报了石中高速公路北段建设用地的请示，国土资源部以国土资源函[2000]279号文件给予了批复，同意将石嘴山市、惠农县、平罗县的国有、集体土地共计365.6907公顷划拨给石中高速公路北段工程建设指挥部作为建设用地。这些优惠政策，为工程节约了投资，保证了工程的顺利进行。

在交通部、自治区人民政府及交通厅的共同努力下，建设资金筹措比较顺利。工程总概算14.19亿元，其中交通部安排了3.78亿元的专项基金作为国家投入的资本金，国债转贷资金3.50亿元，交通厅自筹0.41亿元，向商业银行贷款6.50亿元。在建设过程中各项资金到位及时，满足了工程进度的需要。

高昂的旋律

一、 严格执行招投标法，择优选择监理、施工队伍

在加快公路建设的热潮中，指挥部始终保持清醒的头脑，严格执行招投标法，择优选择监理与施工队伍，认真做好招投标工作。

指挥部遵照《中华人民共和国招标投标法》、《中华人民共和国公路法》，依据交通部《公路工程施工招标投标管理办法》、《公路建设市场管理办法》、《公路工程资格预审办法》、《公路工程施工招标评标办法》、《公路工程施工监理招标投标管理办法》、《关于麻黄沟至姚伏公路初步设计的批复》和自治区人民政府有关文件，编制了项目监理、施工招标文件，具体组织实施了招投标工作。

整个招投标工作分两阶段进行。第一步进行资格预审，在全国有关报纸和“中国采购与招标网”等媒体上发布资格预审通告，经评审并报交通部审查批复。第二步严格按程序进行招投标，向通过资格预审的投标人发售投标邀请书和招标文件，组织现场考察、标前会议，各投标单位递交投标文件，开标，评标，定标。

监理、施工单位的招投标工作，都在自治区公证处的公证下进行，做到了组织严密、行为规范、操作有序。招标文件、资格预审结果、评标结果都报交通部审查批复。

正是在这种公开、公平、公正、诚信的原则下，择优选择了一批高素质的区内外监理、施工单位，为确保北段的工程质量和工期奠定了基础。

二、依靠地方政府，完成征地拆迁工作

征地拆迁工作政策性强，协调难度大。为保证工程的顺利进行，征地拆迁指挥部以自治区出台的各项政策为依据，同工程建设指挥部紧密配合，紧紧依靠当地政府，在时间紧、任务重、困难多的情况下，总结以往的工作经验，采用先补偿农民群众、后补偿集体的办法，得到了当地政府和农民群众的理解支持，顺

利圆满地完成了征地拆迁工作。

为方便农业生产和农民生活，在复沟、复渠和复路等线外工程的实施中，工程建设指挥部想农民群众之所想，尽量满足农民群众的合理要求。

在征地拆迁工作中，采取边征地边界定征地范围边修筑刺丝隔离栅的办法，避免了因征地界定不清而引发的各种矛盾，为早日开工创造良好条件。

三、细致入微，做好施工准备

指挥部注重开工前的准备工作，把重点放在了标段的合理划分和进场道路的修筑上。

标段的合理划分，不仅能有效地节约工程造价，而且对施工组织管理、进场道路的合理利用、争取工期都有一定意义。为此，指挥部建设处在施工图设计阶段走遍了沿线的每一个乡镇、村庄，调查了料场及能够进入主线的可利用乡村道路，为合理划分标段提供了依据。

北段工程部分路段沿线沟渠纵横，道路等级低、路况差，交通很不便利。指挥部从实际出发，修筑了34公里的便道、3座永久性桥梁和14道涵洞，在第三排水沟上架设5座钢便桥，达到了缩短运距、节省投资、加快进度、方便群众的目的。

凝 重 的 乐 章

一、严字当头，创建精品工程

指挥部的领导和参建人员深深懂得，高速公路建设成功的关键在于工程的质量。因此，在工程建设之初，他们就把提高质量摆在各项管理工作的首位，提出了创建精品工程的目标，并细化为“严字当头，加强管理，保证质量，争创精品”的质量管理方针，通过强化三级质量保证体系，把提高质量的各项措施扎扎实实地落实到日常管理工作中，使质量管理成为北段建设最永恒、最凝重的乐章。

（一）建立健全各项规章制度

指挥部根据国家有关公路建设的法规、规章和自治区交通厅的有关规定，制定了《工程建设指挥部工作规则》、《工程建设指挥部各处室工作职责》、《工程建设指挥部基建财务管理办法》、《工程质量管理办法》等多项规章制度，在质量、合同、财务管理等方面都作出了明确的规定，使得指挥部的各项工作有据可依，有章可循。

同时，根据工程实际不断补充完善已有的各项规章与制度。如指挥部在沿用姚叶高速公路行之有效的“月初调度会”和“月末综合考评”办法的同时，根据实际，补充、完善了通讯管道、收费站房建工程、交通安全设施工程的综合考评标准，明确了施工单位在抓质量、工程进度的同时还要注意安全生产、文明施工、环境保护和宣传报道工作。通过月末综合考评，从工程质量、工程进度、计划统计、工程资料、资金使用、安全生产、文明施工、现场管理、履行合同等方面进行严格的现场检查；在月初调度会上通报综合考评结果和工程动态，肯定成绩，指出问题，表彰先进，鞭策后进，安排下月施工计划，使工程处于严格的监控之下，有力地促进了各项管理，形成了“比、学、赶、帮、超”的良好施工局面。

（二）加强工程建设合同管理

在工程建设资金管理方面，无论是前期勘测设计，还是施工建设、征地拆迁，所有涉及建设资金的各项工作，全部实行合同管理，严格按合同条款执行，严格控制建设资金，杜绝一切合同外支出，保证了资金的足额到位。

在工程进度款的支付过程中，严格按招标文件的计量规则和支付条款进行。首先由驻地监理工程师确认质量合格，填写“中间交工证书”、“中间计量表”，由总监理工程师办公室审查并向指挥部上报“中期支付月报表”，经指挥部建设处、质量安全处、财务处逐一审核，最终由指挥长审批支付。经过这样的层层把关，既严格了资金控制管理，又保证了工程建设的需要。

为抓好廉政建设，杜绝腐败行为，指挥部按照交通部《关于在交通基础设施建设中加强廉政建设的若干意见》的规定，从2001年起，推行双合同制，即在签订工程建设合同的同时签订廉政合同，并把廉政合同作为建设合同的一个组成部分，以此规范、约束各方行为。

（三）严格要求、严格责任、严格管理

指挥部严格落实质量管理责任制，按照《宁夏回族自治区公路工程质量管理办法实施细则》的要求，明确每个合同段、分部工程和分项工程质量责任，采用填写“公路工程质量责任档案跟踪卡”和“公路建设项目分部、分项工程质量责任档案跟踪卡”的办法，使质量责任终身制落到了每一个责任人身上。此项制度的实施，使得工程质量控制“人人肩上有压力，个个身上有责任”，有效地提高了各级质量责任人的质量意识。

指挥部对参建单位都提出了明确的要求：设计代表必须进驻工地，随时完善、变更设计，弥补设计的不足；监理人员必须深入工地，旁站和巡视工程，随时掌握工程动态，加强对施工单位自检频率的监督，加大对隐蔽工程、关键部位、重点工序旁站监理的力度；施工单位必须按照投标文件的承诺和合同约定进场，严格按监理工程师批准的施工组织设计和施工工艺施工，进一步加大对进场材料的抽检力度，建立有效的自检体系，落实质检人员的责任，认真执行自检、互检、交接检制度，实行项目经理值班制，随时处理工地的突发事件，发现问题及时纠正，将质量事故消灭在萌芽中，严格执行监理指令，需要停工返工的必须坚决执行。

在工程质量上，坚持高标准。为消除桥头跳车，增加了台背填土范围和压实度的抽查力度，增大桥头搭板基层的厚度，规范填筑工序。为提高桥（墩）台、涵台、箱通的混凝土质量，除加强内在质量的监控外，还注意外观质量。全线有4座桥涵的台身虽然经检查内在质量没有问题，但由于墙身模板变形出现错台、蜂窝、麻面，大面平整度差，但为了从严要求，全部推倒重做。虽然施工单位返工损失了一些费用，但教育了各级施工人员，收到了良好的效果。

二、以监理为核心，强化三级质量保证体系

在开工建设之初，指挥部就建立健全了政府监督、社会监理、企业自检的三级质量保证体系，实施过程中，始终坚持以监理为核心，全力支持监理工程师开展工作，维护监理工程师“三控制一管理”的权威性。同时，建立健全各项监督管理制度，对不按规范制度和程序办事的监理人员给予通报、清退等严肃处理。

监理机构按两级设置，总监办下设4个驻地办，1个附属监理组，共有各类专业监理人员75名，其中

高级职称14名，中级职称24名，初级职称37名。监理工程师在“严格监理、规范服务、秉公办事、一丝不苟”的原则下，注重管理，通过技术规范具体化、“监”“帮”结合等手段，完成了监理任务，取得了优异成绩。

（一）监理工作制度化

监理工作中坚持实行以下制度：

“总监现场巡视制”。实行“一二三工作制”，即每周一天办公、两天重点工程旁站、三天全面巡视检查，将发现的工程质量问题以现场巡视记录或专题指令性文件下发驻地办及各合同段，既能了解现场的施工情况，又能及时解决问题。

“材料进场分级检验制”。对一切外购材料均实行三级检验制度，即材料进场前要求生产厂家提供产品合格证及检验报告；进场后由施工单位按规定批量和频率抽样检验；在施工应用前监理工程师进行随机抽样检查。对于地方材料，则实行两级检验制度，即进场前由施工单位自检，使用前由监理工程师随机抽检。通过认真执行材料分级检验制，工程所用的各种原材料，全部符合设计及技术规范要求。在抽检或验证试验工作中，对发现的不合格材料均进行清场，保证了工程质量。

“导线测量三级复测制”。为保证路基中线准确，实行三级复测制，即首先由施工单位自行复测，按设计单位移交的导线点及水准点，恢复中桩，填写工程放样单，并将测量资料上报驻地监理办；驻地监理办测量工程师进行复测并审核签认后，报总监办测量工程师审批。最后由总监办采取抽检的方法对导线点、水准点及大中桥位进行重点复测，保证了现场放样的准确性。

“钻孔灌注桩五不到位不开盘制度”。在灌注基桩水下混凝土时，现场监理、专职质检员、技术负责人、试验员、项目经理，有一人不到位，就不得开盘，确保灌注桩的质量。

（二）指导措施具体化

制定下发了“关于路基填筑注意事项”、“苇湖、鱼塘路基填筑施工注意事项”、“桥涵台背路基填土要求”、“主线路基土方运输便道口填筑注意事项”、“混凝土、砂浆施工要求”、“桥梁梁（板）安装注意事项”、“二灰稳定砂砾基层底基层施工注意事项”、“沥青混合料拌和、摊铺注意事项”，做到了要求明确化，操作具体化，对规范工程质量管理起到了良好作用。

（三）监理服务一体化

为保证工程质量，在坚持严格监理的同时，开展规范服务。对遇到问题的施工单位，监理工程师并不是一味地批评，而是帮助这些单位认真分析原因，寻找解决的办法。月末综合考评时，对于比较差的合同段，组织项目经理与技术负责人观摩成绩优异的合同段，现场学习，现场分析，找出差距，努力解决。通过这种形式，取长补短，提高了工程整体质量。

三、积极推广应用新科技

指挥部坚持“科学技术是第一生产力”的思想，认真贯彻“科技兴交、科技兴宁”战略，积极推广使用新工艺、新材料，多方位确保工程质量。

（一）新技术应用

采用纤维网混凝土措施，解决薄壁桥台竖向裂缝问题。玻璃纤维作为水泥混凝土的外加剂，可提高混凝土表面的抗裂能力。指挥部通过试验，采取在混凝土中掺加玻璃纤维、设置假缝、适时养生的工艺，解决薄壁桥台竖向裂缝问题，取得了良好的效果。

推广应用6合同段空心板预制采用的钢绞线整体张拉、整体放张和精轧螺纹连接器的工艺技术，不仅提高了空心板的预制质量，而且减少了钢绞线的消耗，保证了张拉的安全性。

推广应用3B合同段的桥台整体角模板技术，解决了混凝土桥台漏浆、掉角现象，明显改善了桥梁外观质量。

推广应用7合同段的桥台沉降缝施工工艺，在桥台、涵台沉降缝施工中改进填塞、熨烫、切割工艺，使外观质量大为改观。

在安装桥梁伸缩缝时，混凝土中掺加玻璃纤维，提高了混凝土表面的抗裂能力。

（二）应用计量支付软件，提高工作效率

传统的计量支付办法，内业工作量很大。为此，指挥部在路面施工中推广应用了“计量支付管理系统”软件，并建立了Access数据库和Excell电子表格的双台账，利用电子数据查询方便和运算准确的优势，使计量支付审核工作准确无误，加快了各种报表的制表速度，提高了工作效率。

（三）结合实际，开展专题研究

北段路线所经主要地段为石嘴山市，这是我区主要的煤炭工业区，洗煤厂和火力发电厂分布于沿线，其副产品煤矸石堆积如山，不仅占用大量耕地，而且污染周围环境。指挥部在便道修建过程中，使用了部分煤矸石，同时《煤矸石筑路技术的研究》被列为交通厅科研课题，现已完成室内试验。

完 美 的 尾 声

指挥部在工程建设中清醒地认识到，西部大开发，搞基础设施建设，绝不能以破坏生态为代价，使西部原本脆弱的生态环境更加恶化，不仅要把高速公路建设好，同时也要把家园建设好。为保护环境、保护生态，指挥部采取了多种工程措施：

远运土填筑路基，保护耕地。在贺兰山东麓冲积扇统一选定料场，集中远运砂砾土填筑路基，不仅保证了路基的强度和水稳性，同时保护了耕地。

水泥混凝土预制方格网边坡，防止水土流失。在全线路基高度大于4米的路段，边坡铺筑水泥混凝土预制方格网，网内植草，防止水土流失。

路面集中排水，减少路面排水对周围环境的污染。在全线两侧设置沥青砂拦水带，每50米设置一道急流槽和消力槛，并在路基坡角外修筑排水沟，将路面雨水集中排入排水沟。

新建桥、涵构造物和水利设施，保证原有沟渠及其它水利设施不受破坏，满足路线两侧农业生产灌溉、排水需要。

对中央分隔带、路基两侧、互通立交区进行换土绿化。

使用粉煤灰作为路面基层结合料，利用废物，减少环境污染。

对所有取土场进行了清理和平整。

这些工程措施的实施，不仅美化、绿化了高速公路，使路线所经区域成为一条绿色长廊，更重要的是保证了沿线水利设施的正常运行，防止了土地的沙化，保护了生态环境。

2001年11月12日，石中高速公路北段建成通车了。数万名筑路者两年多的日夜奋战，终于得到了令人欣慰的回报。

石中高速公路北段监理工程师的总体评价：

路基工程的填料和施工工艺符合规范与合同要求，施工现场检测288550点、驻地监理办复检65341点及总监办抽检6934点的资料证实，路基压实度达到或高于规定标准；13846点的弯沉值小于设计值；桥梁工程外部尺寸与设计图纸相符；水泥混凝土和水泥砂浆9496组和1085组检验，强度均达到了设计标号；无破损检测钻孔灌注桩918根全部合格；路面工程经总监办中心实验室对各项指标共49602点组的检测，各层结构的厚度、宽度、强度、压实度、弯沉值、高程、纵横坡、平整度和抗滑值等指标均达到或超过设计标准。

宁夏公路工程质量监督站的评定：

石中高速公路北段的路基工程、桥涵工程、路面工程和交通安全设施的质量等级均为优良。

交通部公路工程检测中心对路面技术性能的检测评价：

通过路面质量检测表明，石中高速公路北段工程路基路面整体强度稳定，路面平整，线形顺适，沥青面层质量均匀，路面抗滑性能优良。综合各检测指标的测试统计结果，所检测的6项参数合格率均超过90%，满足了高速公路的设计和使用要求，工程施工质量达到优良水平。

石中高速公路北段像一条黑色缎带飘落在深秋的银北平原上，延伸在秋日血红的斜阳中。落日余辉下的一片静谧中，我们仿佛又听到了建设者那铿锵有力的足音，像一首美丽动听的乐章，在这片广阔的黄土地上久久回荡。

中篇

建 设 者 风 采

公路建设一劲旅

——宁夏公路工程局建设石中高速公路散记

有这样一支队伍，与自治区一同诞生，应公路体制改革而成长，逢交通发展机遇而壮大，几十年的风雨沧桑，几十年的摔打磨砺，使它成为宁夏公路建设的一支劲旅，逢山开路，遇水架桥。这就是被人们誉为开路先锋的宁夏公路工程局

十年磨一剑　　开路做先锋

宁夏公路工程局是自治区规模最大的专业从事公路工程施工、唯一具有一级资质的国有企业，它的前身是具有光荣历史和辉煌业绩的交通部第五公路工程局第四工程处，1989年应公路体制改革，脱胎成立了目前的公路工程局。1994年跻身国内建筑业500强，在全国100家最大公路桥梁施工企业中名列第69位。创业之初，职工不过几百人，工程技术人员只有五六人，全部设备只有3台压路机，十几部汽车和一些小型机具。经过几代筑路人40余年的艰苦创业、无私奉献，尤其是1989年建局以来，宁夏公路工程局快速发展壮大，已成为大型国有公路施工企业。正是这支队伍，从铺筑砂砾路、修建小桥起步，发展到修筑二级公路、双曲拱桥，直到能够独立铺筑高速公路，承建大跨度预应力简支梁桥和预应力T型刚构特大桥。先后完成了兰宜公路、汝西公路、沿山公路、石营公路、银平公路、109国道宁夏段、银古一级公路、银灵吴一级公路、姚叶高速公路、石中高速公路北段等各种等级公路4000多公里。这支队伍常年征战在贺兰山下、六盘山区，在黄河上架起的6座公路大桥均被评为优良工程，其中银川和石嘴山黄河公路大桥分别荣获交通部优质工程二、三等奖。

40多年的艰苦创业，40多年的顽强拼搏，40多年的风雨历程，使宁夏公路工程局不断发展，不断壮大，以其独一无二的骄人业绩名列全区公路施工企业之冠，成为名副其实的开路先锋和公路建设主力军，其成长壮大的轨迹成为宁夏公路交通发展的历史缩影。

鏖战高速路　　再创新辉煌

1999年8月，石中高速公路北段拉开了建设序幕。此时的公路工程局正鏖战在我区的第一条高速公路——姚叶公路建设工地上，已经积累了高速公路施工的丰富经验，凭着雄厚的实力、良好的信誉和严谨的标书，中标石中高速公路北段路基、桥涵6个标段和全部路面工程，当之无愧地成为北段工程建设的主力军。中标，对公路工程局来说，既是发展的一次机遇，又是一次新的考验。

这次竞标，使公路工程局强烈感受到市场竞争的残酷和无情。面对开放的公路建设市场，竞争对手众多，优胜劣汰的法则无情，如果不能增强忧患意识，不断提高自身的素质，改革管理体制，就必然被市场和历史所淘汰。一次的成功，并不意味着永远成功。

竞标的成功，在带给公路工程局职工欢乐和喜悦的同时，也给全局上上下下带来了无形的压力。压力也是动力，一场推行项目法施工的改革随着施工的启动全面展开。

项目法施工是以项目经理负责制为中心，对工程项目工期、质量、成本、安全、文明施工、综合效益进行有效管理的一种现代施工管理模式。公路工程局在姚叶公路施工中试行的基础上修订完善了《公路工程局项目管理办法》、《项目目标责任成本管理办法》、《工资制度管理试行办法》等一系列与项目法施工相配套的改革措施和管理制度；确立"质量第一，效益优先"的经营方略，建立起局、处、项目部三级质量管理网络和总工程师领导下的试验、测量、质检三位一体的质量保证体系以及自检、互检、专检相结合的制度；严密计划，对施工统筹考虑、科学组织、合理调度、系统指导，把重点放在施工组织、现场指导和保障供应上。这些措施和制度的实施，从根本上抓住了企业体制改革和机制转换两个根本问题，真正实现了把局变为经营决策中心，把下属的工程处变为利润管理中心，把各个项目部变为成本控制中心的机制转变，保证了对工程项目的有效控制，确保了项目经营目标的实现。

新的管理措施给企业带来了新的活力。公路工程局领导改变工作作风，到基层蹲点，在现场办公，定期不定期检查、开展调查研究和总结推广新技术新工艺，每月至少有三分之二的时间在基层度过，连节假日也在工地上。班子成员以高度的政治责任感和历史使命感，以严格科学的管理和求真务实的作风，极大地调动了全体参建职工的积极性。北段工程建设之初，指挥部就提出创建精品工程的目标。为了实现这一目标，公路工程局又在技术装备的投入、提高现代化施工能力上加大了力度，1999年、2000年、2001年3年累积投资6100多万元，购置了德国制造的ABG大型摊铺机、美国路缘石浇筑机、水泥混凝土拌和楼、水泥混凝土搅拌运输车、大吨位振动压路机、平地机等一大批先进施工设备。这些高技术含量的设备在施工中发挥了重大作用，加快了进度，保证了质量。仅水泥混凝土拌和楼的使用就产生了巨大效益。原来钻孔灌注桩浇注水下混凝土施工，每完成一根桩，就需十几个小时，既费时，又不能保证质量，有时还容易发生断桩事故。机械化施工使构造物基础施工速度大大加快，创造了日完成12根钻孔灌注桩的新记录。6合同段在短短42天内完成156根钻孔灌注桩的施工任务，7合同段也曾在短短28天内创造了完成26座盖梁的记录，这在以前的施工中是连想都不敢想的事情。

石中高速公路北段工程施工环境恶劣，对身经百战的公路工程局来说，仍然是一块"硬骨头"。处于贺兰山风口的银北地区，冬季特别寒冷，气温常在零下20多度；夏季阳光强烈，酷热难耐，蚊虫叮咬；春季风沙很大，"风吹石头跑，夜深风怪号"。由于地形复杂，平原路段沟渠纵横，软基、盐渍遍布，荒漠路段条件更是异常艰苦，给施工带来巨大困难。一些路段由于水位高、地表积水，车辆无法到达，就用推土机拖着运输车辆行走，拖一米，填一米，短短的十几天，就将全线盐渍路段征服。构造物基础工程施工时，正值寒冬，钢制构件冻得冰冷，下骨架时稍不小心手上的皮就会被粘掉一块，穿着皮大衣作业仍然冻得瑟瑟发抖，手冻裂了，脚冻肿了，工人们全然不顾。最头疼的是恶劣的地质条件给施工造成的困难。不少路段地基流沙大，稳定性差，常常使构造物基础"走位"，5合同段和8合同段先后出现盖板涵和箱通严重错位。为保证质量，项目部果断决定炸掉重建。由于地下水位高，基础开挖时常冒水冒沙，每遇这种情况，职工们更加谨慎，严格按技术规范施工，扩大明挖基础，加厚垫层，增强地基承载力和稳定性。

3A合同段有一座跨110国道的连续箱梁立交桥，在宁夏尚属首次施工，工艺复杂，技术难度大。项目部领导和技术人员群策群力，针对安装吨位大、桥头路基高、硫磺砂浆配合比和温度控制、体系转换等技术难点，精心制定了合理可行的施工方案，顺利完成了这一工程。

古人云："取法乎上，必得乎中；取法乎中，必得乎下。"公路工程局的领导和职工对此深有感触，在北段工程建设之初，就把目标定在了争创一流、创建精品工程上。在质量管理上坚持高标准、严要求，对每一项工程都要求达到优良。两年多的时间里，编发质量通报40余期，下发质量隐患通知书30多份。凡是质量不达标的工程，都必须拆除重建，规范施工、一丝不苟蔚然成风。

甘当铺路石　热血筑丰碑

石中高速公路是宁夏经济发展步入快车道的象征。亲手铺筑这条腾飞路的公路工程局职工为之自豪，也甘愿为之奉献，像一颗默默无闻的铺路石一样，他们付出的是常人难以想象的艰辛，他们走过的是一条奉献青春和热血的人生道路。

50多岁的公路工程局党委书记李治祥，朴实得像一个普通的筑路职工。他既是工程局的“元老”，又是宁夏公路建设的功臣，从工人岗位上摸爬滚打，一步一个脚印地走上了公路工程局局长、党委书记的职位。他思维敏锐，谦虚好学，经验丰富，脚踏实地，待人宽厚，始终和职工有一种自然的手足情谊，深得职工群众的爱戴。在他任局长的5年里，正赶上宁夏公路建设大发展的好时期，他团结局领导一班人，带领全局职工，紧紧抓住机遇，加强各项管理，内强素质，外树形象，千方百计调动职工的积极性，积极筹措资金购置先进的技术装备，提高公路工程局的整体素质和竞争能力，使公路工程局发生了翻天覆地的变化，走上了快速发展的道路。为选拔跨世纪的领头人，他又主动让贤，推荐年富力强的侯建国担任局长。

侯建国，一个壮实高大的汉子，70年代末毕业于西安公路学院，是科班出身的筑路人。20多年的实践磨练，使他已经成长为一位成熟的企业当家人。在北段工程建设的2年多时间里，李治祥、侯建国等公路工程局领导班子成员，大半时间都在工地度过。在路基、路面上，在桥涵上，在预制场，在拌和站，在工人们简陋的驻地，都能看到他们忙碌的身影。在他们的带领下，全局职工舍小家顾大家，上下一条心，一门心思地扑在工程建设上，为创建精品工程、提前建成通车，做出了突出贡献，立下了汗马功劳。

丁宝贵，已是知天命之年的“老公路”，为人憨厚纯朴，靠自学成才，从一名普通工人成长为熟悉公路、桥梁施工技术的工程师，肩上又压着公路工程局桥梁工程处副处长的重担。他们中标的北段63公里路面工程，要求全线10月底完工，其中平罗至姚伏段8月份交工。担任路面2合同段项目经理的丁宝贵，带领职工早出晚归，冒着酷暑高温，每天工作十几个小时，由于操劳过度，两次晕倒在工地，被强行送到医院治疗。

年过半百的公路工程局第三工程处张世邦老师傅，已和公路施工打了30多个春秋的交道。家在农村的他，“三夏”大忙季节，家里最需要他回去帮助，可他从未因此请假离开过工地，把家庭的沉重负担、亲人的埋怨深深地藏在心里，嘴上却说，赶快干，把高速公路修到固原，咱回家照顾也就方便了。

第一工程处年轻的技术员魏峰，1996年才走出宁夏交通学校的大门，短短几年的磨砺，已使他能够挑大梁、担重任。在北段8合同段，他担任一工区主任，面对工程量大、土场变更等困难，毫不畏缩地和大家一起拼命干，抢抓工期，加快进度，5个月时间就铺筑路基土方90多万方，保质保量完成了任务。

34岁的王儒斌，是从工人队伍中脱颖而出的管理干部，曾先后在电工、沥青拌和机手、汽车驾驶员、混凝土拌和站站长等岗位上磨练多年，勤奋好学，爱岗敬业，干一行、爱一行、专一行，带领职工仅用不到两个月时间，就完成筹建水泥混凝土拌和楼的艰巨任务，不仅为北段工程生产成品混凝土1万多方，还自制两台容积为25吨的水泥储存罐，提高了水泥混凝土的质量，避免了对环境的污染。

王晓峰，一个皮肤黝黑、体格健壮的小伙子，1994年从宁夏交通学校毕业来到机械筑路处工作，幸运地赶上了建设高速公路的锻炼机会。由于虚心好学，短短几年的摔打，已从一个普通技术员成长为一名年轻的工程队长。他带领全队职工狠抓质量管理、施工管理，克服技术人员少、施工任务重的困难，精心准备，合理安排，使工序衔接紧凑，在6合同段同期工程中，第一个完成了施工任务，通过企业自检评定达到优良工程，成为公路工程局新一代“小虎将”中的一员。

……

这是一支特别能吃苦，特别能战斗的队伍，这是一支能创造奇迹和辉煌的队伍，这是一个以发展宁夏公路交通为己任的英雄群体。北段欢庆通车的鞭炮声余音未尽，庆功的喜酒未饮一杯，身上的征尘来不及抖落，他们又一次打点行装开赴新的工地，在石中高速公路南段，在中郝高速公路，在桃同高速公路，我们又看到了他们熟悉的身影……

壮美蓝图细描绘

——宁夏公路勘测设计院勘测设计者速写

设计是工程的灵魂，高质量的设计是实现工程高质量的前提。宁夏公路勘测设计院在竞争日趋激烈的新形势下，能赢得石中高速公路北段的勘测设计并非偶然。与宁夏回族自治区一同诞生的宁夏公路勘测设计院，一直是宁夏公路建设事业的“排头兵”，他们的足迹遍及宁夏山山水水，先后完成了自治区内现已建成的全部6座黄河公路大桥及大部分国道、省道、县乡道路的勘测设计任务，其中12项设计成果荣获国家或省部级优秀设计一、二、三等奖，为宁夏构筑四通八达、纵横交错的公路网，促进全区经济发展和社会进步发挥了重要作用。

改革开放以来，宁夏公路勘测设计院焕发出勃勃生机，实行企业化管理后，始终坚持科技兴院的发展方向，通过不断加大科技投入，培养和引进人才，狠抓队伍建设，使技术力量、技术水平、技术装备、整体素质不断提高，创造了新的辉煌业绩。近年来，又高质量地完成了银古一级公路、银灵吴一级公路、姚叶高速公路、古王高速公路、盐兴公路等自治区重点建设项目和世界银行贷款项目的勘测设计任务，在实践中造就了一支具有丰富的宁夏地区公路测设经验、技术实力雄厚、特别能打硬仗的勘测设计队伍，尤其是在完成姚叶高速公路的测设后，技术水平和实践经验有了质的飞跃，上了一个新台阶。

1998年7月12日，宁夏公路勘测设计院承接了石中高速公路北段工程可行性研究任务，交通厅要求在短期内提交工程可行性研究报告。这是一项时间紧、任务重、要求高的硬任务，院领导和全体职工既感到无比光荣，又深感责任重大。这时，院里的主要技术力量都在陕西神木县，人手紧缺。年轻的副院长李建宁主动请缨挂帅，总工程师许学民技术把关，副院长蒋卫东为项目负责人，组织起了一个由余淑琴、韩柳、侯革、葛伟、刘春芝、宋思哲6名青一色女工程师为技术骨干的工程可行性研究工作组。公路建设特别是野外勘测，历来都是男性的天地。女工程师们是第一次独立承担如此重要的任务，她们暗暗下定决心，一定要圆满出色地完成这项任务，体现自己的能力和价值，决不能让人小瞧。她们硬是以不让须眉的劲头和女性的细心，以扎实的专业知识、饱满的劳动热情、高度的责任感，充分发挥聪明才智，克服种种困难，夜以继日，奋力拼搏，如期完成了可行性研究报告，并一次性通过交通厅的初审和国家交通部专家审查，让人们刮目相看。她们的感人事迹上了《中国交通报》头版头条，在全国交通系统广为宣传，同时在宁夏回族自治区成立40周年大庆活动期间被专题报道，展现了宁夏公路勘测设计院女工程师们的风采，体现了宁夏交通人对公路交通事业的执着追求。

工程可行性研究报告的通过，为石中公路北段工程如期开工赢得了宝贵的先机。1998年10月至1999年9月，他们马不停蹄、一鼓作气完成了初步设计和施工图设计任务，谱写了宁夏公路勘测设计院的新篇章。

在设计院承担北段工程勘测设计任务的时候，正值国家加大基础设施建设投资力度，宁夏公路建设事业迎来前所未有的发展机遇。面对大好机遇和繁重的任务，新一届领导班子清醒地认识到高等级公路将是宁夏今后一个时期公路建设的主旋律，也是设计院实现发展和跨越的大好时机，要实现发展和跨越，必须大胆改革，创新机制，提高素质，确保高质量地完成各项任务。以李建宁院长、温大海书记为首的新班子在院内进行了大刀阔斧地改革，将行政管理部门从原来的6个精简为4个，科室人员压缩近30%，压缩下来的管理人员充实到生产一线，将原来综合性测设队按专业划分为测设一队、二队、钻探队和试验室，同时，大胆启用一批有专业知识、有能力的中青年骨干担任中层领导，重新制定完善了部门职责和岗位责任制，修订了经济承包责任制办法，严格了各项管理制度。通过改革，营造了一个有利于公平竞争、崇尚知识、重视人才、多劳多得的管理机制和良好氛围，极大地调动了全院职工的工作积极性。新班子把设计质量放在全院工作的突出位置，视质量为生命，加强了对质量工作的领导，进一步完善了勘测设计质量保证体系，采取多项措施确保北段工程的测设质量。

院长、总工身先士卒，亲临现场，对工可期间完成的测设走廊、一级导线布设实地踏勘，进一步调整优化路线线形，加强了事先指导，使工作环节紧凑有序。院总工办技术人员多次踏勘现场，反复研究工程可行性研究报告，在给测设队下达的石中公路北段勘测设计指导书中，对技术标准和遵循的技术规范，测设的程序，注意的技术难点，每一阶段工作达到的深度，质量自检资料等都一一明确。测设队对指导书认真研究，组织业务骨干全面熟悉工程可行性研究报告，据此提出工作方案，进行测设工作。

一线外业勘测工作时，队领导不仅是主要技术骨干，而且还要为队员的衣食住行、思想情绪、病痛等操心。他们白天辛苦一天，晚上还要加班加点到深夜。测设一队队长黎振贤、二队队长杨群，原是搭档，现在却成了“竞争对手”，工作上他们摽着干，暗中较劲，在涉及全局的大事上却时刻不忘队与队之间的相互协调，保证了测设工作的整体水平。主任工程师汪斌、马占伏分管技术工作，为确保测设质量，严格“个人自检、组长检查、队长审查”的工作程序，把质量责任落到各专业组及个人头上。每天外业工作收工，都要填写工作日志，做到记录准确整齐，数据详实无误，总结当天的工作，并提出第二天要解决的问题和注意事项。副队长郭书林、郑光荣检查核实各专业组外业工作记录，一丝不苟。

在北段工程测设过程中，设计院为提高设计水平，确保设计质量，广泛采用了公路测设新技术，力求做到质量与标准的统一，并使工程技术人员的综合素质得到进一步提高。在野外勘测时，他们采用GPS全球卫星定位系统进行控制测量，采用索佳SET2C全站仪布设控制导线，用极坐标法敷设路线中线。在内业设计时，采用计算机CAD技术进行路线纵断面、横断面、征地、互通立交的设计和图纸绘制及方案演示，利用计算机进行桥梁内力计算与地基承载力和桩长验算，采用CAD透视图检验路线总体设计。新技术、新设备的采用不仅加快了工作进度，更重要的是提高了设计水平，锻炼了队伍。为确保设计质量，他们严把审查关，外业工作期间和外业结束，院里都组织专家进行中间检查和验收，发现问题及时指出，技术难点现场研究，测设队对提出的问题必须在现场解决，验收通过才能撤离。内业设计必须履行设计复核、审核、互审、队审、院审的程序，层层负责，层层把关，解决“错、漏、碰”问题。施工单位进驻工地后，他们还派遣有经验的设计人员进驻现场，进行设计交底，帮助监理与施工人员熟悉图纸，理解设计意图，发现问题，及时修改，完善设计。

初春三月，宁夏与内蒙古交界处的麻黄沟正是狂风肆虐、飞沙走石的季节。测设一队的队员们每天都顶着刺骨的寒风野外作业，冻得他们泪水直流，浑身打哆嗦。新队员张晓君、陈姬是两名娇弱的女性，从来没有吃过这样的苦，受过这样的罪，但她们仍然咬紧牙关，默默坚持着。当队长问她俩能否顶下来时，她们嘴上回答没问题，泪水却不由自主地流了出来。测设二队作业的线路上，水田、鱼塘、湖泊众多，此时冰层已开始融化，一不小心就会掉入水中。外业地质勘探工作量大，又脏又累，钻探工作开始时，数九寒天，北风呼啸，风沙弥漫，9米高的钻塔，被大风吹得摇晃，风像一群调皮的孩子，使劲扯着队员们的衣裤，手冻痛了，放在排气管上暖一下，身子冻僵了，烧一把荒草暖一暖。在队长陈伟刚带领下，终于完成地质勘探任务。试验检测、分析是设计院首次独立完成，任务繁重，试验人员又少，在试验室主任韩柳的带领下，全室人员加班加点工作，一天下来，腰都直不起来。

有人说，北段工程是个“短、平、快”项目，像一首清新明快、紧凑有序的交响曲，勘测设计院以饱满的热情、高昂的斗志成功地奏响了这一交响曲的第一乐章。他们付出的心血和汗水，党和政府没有忘记，人民没有忘记。2001年2月，在全区交通工作会议上，自治区主席马启智亲手将全国优秀勘察设计院长证书颁发给李建宁院长；2001年5月，设计院光荣地获得了自治区“五一”劳动奖状荣誉称号。

在荣誉面前，他们没有停步；在机遇面前，他们不会停步。他们又抖擞精神，投入到西部大通道银（川）武（汉）公路测设工作，踏上了西部大开发的新征程。

对历史和人民负责

——宁夏交通厅公路工程质量监督站工作侧记

近10年来，在宁夏山川大地，凡是修路的地方，都留下了他们深深的足迹；凡是修路的地方，都有过他们忙碌的身影；凡是修路的地方，无不洒下他们辛勤的汗水；凡是修路的地方，都凝结着他们的智慧和心血。他们像公正的评判家，近乎苛刻地挑剔着筑路工人精心打造的“作品”。于是，一条条坦途走进了人们的视野，一座座宏桥展示在世人的面前。如果说路是无言的丰碑，那么在每一座丰碑上无不镌刻着他们的名字——宁夏交通厅公路工程质量监督站。

提起宁夏交通厅公路工程质量监督站，凡是同他们打过交道的人，都会说“质监站，不简单。”这个只有八九人的小单位，却担负着全区所有在建高速公路、一二级公路和部分县乡公路的质量监督工作，点多、线长、面广，任务繁重。尤其是公路质量成为公路建设的重中之重，更使质量监督站的责任、作用和地位突显出来。

质量，不只是实体工程的内在品质和外观审美价值，更是建设、设计、施工、监理以及质量监督人员素质和品格的体现。有一点缺憾，就不能保证工程的最终质量。因而，从项目的预可行性研究、工程可行性研究、初步设计、施工图设计审查到监理施工队伍招投标选择；从施工中对工序的监督、每一座桥梁的内在和外观质量的检测、评定到每一段路基的抽检、测试；从开工前的检查、准备、施工过程中的监督检查到竣工后的评定、验收，凡是涉及、影响到工程质量的事，他们都会逐一认真审查、监督、检测、评定。作为代表政府对公路工程质量进行强制性监督的专职机构，他们肩负着监督检查建设、设计、施工、监理单位质量行为的重任。同时，作为“政府监督、社会监理、企业自检”三级质量保证体系中的重要一环，对确保质量具有不可替代的作用，对质量等级的评定具有公正性、科学性和权威性。因此，质监站的每个工作人员心中都有一个共同的信念，决不能让工程质量在这一关出问题，质量责任重于泰山，要本着对国家、对人民、对历史高度负责的态度做好质量监督工作，否则不仅是失职，而且是犯罪。

质量监督工作有它的特殊性。质量监督工作人员不仅每天奔忙往返于各个工地之间，而且有时还会遇到不被别人理解的难堪场面。工作的艰辛，生活的困难，这些他们都可以忍受，都难不倒这些铁骨铮铮的汉子，而不被人理解却是他们感到痛苦的事情，尤其是有些工程的内在质量不存在问题，但外观却不符合“精品工程”标准，他们要求施工单位进行改进或返工时，有些人就颇有微词，埋怨他们是“专挑毛病的人”。质监站副站长周建宁常说，质监站不仅是质量监督机构，还应该是提高质量的领路人。在姚叶高速公路一期施工过程中，许多施工单位的空心板预制底模铺设塑料薄膜，易产生皱褶，影响到空心板的外观质量。在二期施工中，宁夏公路工程局机械筑路处采用水磨石底模再打腊施工工艺，使外观质量得到明显改善，质监站马上要求全线推广应用了这项新工艺。1999年，古王高速公路建设过程中，中铁十六局、十五冶改进施工工艺，采用不锈钢底模，进一步提高了空心板外观质量，质监站立即建议石中高速公路北段各个施工单位的负责人和监理工程师前去观摩学习，并在所有高速公路施工中推广应用。

质量监督工作是个劳力劳心的差事，必须要有一支敢于吃苦、甘于奉献的队伍，质监站负责人张诚便是其中的一员。年近60岁的他同公路打了一辈子的交道，至今仍乐此不疲。1959年他从有天府之国美誉的成都毕业分配来到宁夏，一干就是40多年，搞过30年的公路勘测设计，足迹踏遍了宁夏的河流山川，干过10年的公路管理，到过宁夏的所有乡镇。言谈中他不无自得地说，虽然我乡音未改，但已经是一个地地道道的宁夏人了。他说，从以前的设计者、管理者变成现在的质量监督者，最大的区别就在于过去是自己动手完成作品，现在是评价别人的成果，角色的转变还真有一个适应的过程。面对工作性质的转变和工作压力的加大，这个面庞清瘦的老知识分子，总有一种永不服输、永不退缩的劲头，多年的坎坷经历使他生性乐观、干练豁达而又沉稳冷静。他总是说，无论干什么工作，我都会老老实实做人，认认真真做事。走进他的办公室，你会看到整书柜的专业书籍，案头上、抽屉里也塞满了各种资料。老张常说，只有不断地学习，才能适应新的形势，干好本职工作。在提高自身业务水平的同时，他还经常帮助站里的年轻人分析工作中出现的问题，找出解决办法，鼓励他们努力钻研业务知识和质量管理法律法规。在他的带动下，全站人员养成了在工作中学习，在学习中工作的良好习惯。

老张没有什么惊天动地的事迹，却有一摞摞奖状、荣誉证书，诠释他以往工作的成绩，对这些他却说都是“老黄历”了，只能说明过去。他说，我现在想得最多的就是如何把质量监督工作制度化、规范化、科学化。在平时的工作中，他总是不忘提醒质监人员一定要把好开工、施工、竣工“三关”，用好质量监督、否决、仲裁“三权”，充分体现质监站的权威性、科学性和公正性，抓好重点工程、重点部位、重点单位不放松，努力把质量隐患消灭在萌芽状态。为适应项目建设对质量管理专业技术人员的需求，提高建设、施工、监理、试验检测等参建单位人员的整体业务素质，经交通部质监总站批准，质监站举办了7期监理和3期试验检测业务培训班，培训680余人次，取得了良好的成效。同时还开展了专业监理工程师、试验检测工程师资质评审工作。由于抓住了三级质量保证体系中的重要环节，加之质量意识不断深入人心，因而在日常的检查中，质监站工作比最初要规范、顺利得多。难怪老张笑着说，现在领导很重视质量，各部门、各单位质量意识都提高了，站里的年轻人也知道该怎么做，我比过去放心多了。

周建宁，才进入不惑之年，现在却是质监站资格最老的人。1982年从西安公路学院毕业后，从此就与公路结下了不解之缘。多年的监理、监督生涯使已经担任副站长的他对质监工作领悟得更深。他说，要想搞好质量监督工作，就必须抛开一切私心杂念，容不得半点情面。他也常常自问，年纪轻轻就得罪这么多人，值得么？但一到工作现场却又忘了这些顾虑，该停工的停工，该整顿的整顿，该返工的返工，该纠正处理的纠正处理，斩钉截铁，毫不犹豫。有人问他“你就不怕别人在背后说你的坏话？”他总是笑着说，“别人都说我们是专挑毛病的人，如果我们徇了私情，工程质量就会大打折扣，甚至会出现豆腐渣工程。因此我们决不说没道理的话，决不做没依据的事。工作中有一些矛盾是难免的，但大家的目标一致，我相信他们会理解。”

对于质监工作，周建宁有他自己的看法。他总是说，质量管理是一个系统工程，高质量的工程离不开建设、监督、设计、监理、施工单位的共同努力。搞好质量监督工作，质监人员自身必须过硬，同时也离不开各级领导的支持和帮助。他和质监人员经常利用各种场合和机会，不失时机地向各级领导和公路参建单位讲解质量监督工作的性质和作用，求得大家的理解和支持。他们还办起了质监通报，及时向交通厅领导报送工程质量动态。对质量监督工作，交通厅领导思想认识很明确，在实际工作中很支持。党组书记、厅长海巨增就明确指出，质量是公路建设的灵魂，决不能以牺牲质量为代价换取施工进度。由此，在宁夏的公路建设中，人人讲质量，时时讲质量，质量第一，蔚然成风，有力地推动了质量监督工作的开展。有一次，在石中高速公路北段建设工地现场检查时，质监人员发现有一座通道桥薄壁桥台出现纵向裂缝，质监站要求施工单位返工，但有些人不太赞同。在指挥部召开的会议上，负责建设处工作的葛正鹏第一个发言，坚决赞同质监站的决定，大家的理解和支持更加坚定了他们严谨求实做好质监工作的信心。

在生活中，张诚、周建宁都是严肃认真的人。质监站虽是个小单位，但权力不小，工程交工验收的质量评定都由他们“一锤定音”，因而有些人难免会在他们身上打主意。张诚、周建宁说，我们要严格要求自己，决不会、也不可能拿工程质量做交易，质监人员要一颗公心，一身正气。他们是这样说的，也是这样做的。在他们的示范带领下，全站人员在建设、施工、监理单位面前展示了良好的素质和品德，赢得了大家的称赞。

正是有了他们和广大建设者的共同努力，宁夏的公路才如此平坦通畅，桥梁才如此坚固挺拔。

“老公路”的新奉献

葛正鹏，男，汉族，1941年生，重庆市人，中共党员，中专文化，高级工程师，石中高速公路北段工程建设指挥部建设处负责人。

时近深秋，萧瑟的漠风吹乱了他花白的头发，望着绵延不尽、一直伸向远方的长路，葛正鹏的思绪又飘回到筑路时那些忙碌而又难忘的日日夜夜……

60年代初，毕业于重庆航务工程学校的葛正鹏，响应国家号召，自愿来到宁夏工作。从风华正茂到鬓发如霜，40年弹指一挥间，从技术员、工程队长到公路勘测设计院副院长、交通厅科技教育处处长，一步一个脚印，2000年，59岁的他已是享受副厅级待遇的“老公路”了。

1998年末，交通厅抢抓历史机遇，规划在2002年建设的石中高速公路北段工程，准备提前一个计划期实施。组织上考虑到他经验丰富，业务熟练，决定由他负责具体实施。这时的葛正鹏已近花甲，到了该退休回家好好休息一下、颐养天年的时候了。但他一接到任务，却像战士听到冲锋的号角一样，立即跃上前线，投入到紧张繁忙的工作中。

项目伊始，初步设计、施工图设计、招投标、施工前的准备工作等诸多事项一个接一个地立即摆在他面前，头绪纷乱而人少事多，一时间忙得不可开交。面对这种情况，他凭着自己多年工作的经验和对基本建设程序的熟悉，绘制了一张明确清晰的工作计划图。这张图，排定了北段项目各阶段的工作时间表，分清了工作的主次先后，对北段项目前期工作和整个工程的有序开展起到了重要的指导作用。为争取项目尽早开工，他和年轻人一样加班加点地顶着干，不论是初步设计的外业验收，还是设计文件的审查、报批，他都亲自参与，反复论证，不放过每一个细小的环节。为使项目早日通过审批，他不顾年高，带上资料上北京陈述理由，汇报方案，争取支持。为了做好开工前的准备工作，给施工单位创造一个良好的施工环境，他顶着炎炎烈日，跑遍了沿线的村庄与料场。每次返回的途中，平时有说有笑的年轻人，望着疲惫不堪的老葛，这时都心照不宣地保持着车内的宁静，生怕会惊扰他的梦，剥夺他这一点难得的休息时间。无数次的现场考察，使他对全线的进场道路及料场了如指掌，因此施工前的准备工作周密细致，合理顺当。他亲自选定线位的6合同段路基桥涵进场便道，运距缩短7公里，节约资金700多万元。这条便道也给当地群众的生产生活提供了极大的便利，成为工程建设者和当地百姓的“连心路”。

“老公路”对质量比什么都看得重。他说，对质量要从严要求，按精品工程的标准，不符合要求的，要坚决推倒重来，决不姑息迁就。他还叮嘱建设处的年轻人，咱们宁可牺牲工期，也不能放松质量。在他的倡导下，北段工程提出了“严字当头，加强管理，保证质量，创建精品”的质量工作目标和方针。路基桥涵5合同段的一座箱通和8合同段的一道箱涵，混凝土的内在质量和强度都符合规范要求，可是外观平整度较差，蜂窝麻面较多，为保证创建精品工程，他决定将这两个构造物推倒重建。听到这个消息，说情者纷至沓来。他在交通系统干了40多年，老朋友、老同事特别多，可他就是不松口。事后，一些人说他不近人情，不讲情面。他却说，在工程质量问题上，我宁可挨骂，也绝不做老好人。

担任过近10年交通厅科教处处长的葛正鹏，对“科技兴交”的认识十分深刻。在路上，他又拿出当科教处长的劲头，积极在工程中推广应用新材料、新工艺。5合同段一座1孔13米的通道桥，由于斜交角度大，两座薄壁桥台出现了12道裂缝，经过设计单位验算，认为不影响使用，可他决定查明原因。在他的主持下，推倒了原有的两座薄壁桥台，采用了新的施工工艺和材料进行重建。新建时，采用调整混凝土浇筑时间，适时养生，用蓬布遮盖以避免阳光直射，改变构造筋间距，改绑扎为点焊等措施。同时，在桥台混凝土中掺加聚丙烯玻璃纤维，结果令人满意。这些措施，后来在石中高速公路南段和中郝高速公路的薄壁桥台施工中得到推广和应用，收到了良好的效果，得到同行们的交口称赞。

也许是因为在科教处长的岗位上管过环境保护工作，负责修高速公路的葛正鹏，有时候却象一个职业环保工作者。调查料场时，他看到大武口东侧有一堆堆积如山的煤矸石，就默默地把这件事记在了心里，回去后又走访了环保局等有关部门，正式提出了“煤矸石筑路技术研究”课题，并在修便道时力主采用煤矸石铺筑。这一课题的研究实施，对节约资金、少占土地、减少污染都有意义。

繁重的工作使他常感不适，大家劝他多休息。他却半开玩笑地说：“我年轻时干过潜水员，潜水员的身体素质不会出问题。”可是，他终于病倒了，经医生诊断是心脏病。人虽在医院里，心却在工地上。刚一出院，他的身影就又出现在往日常见的工作岗位上。望着他憔悴的面容，大家深为感动。

工作中，“老公路”对手下要求严格，精心指导，不断提高年轻人的业务能力；生活上，又象一位慈爱的长辈，对大家细致关心，嘘寒问暖。有一次在工地，随行的一位年轻技术人员面色通红，细心的他马上注意到了，上前一摸，额头滚烫，不由分说，立即派人送回银川治疗。在他的感染下，建设处的几个年轻人，心往一块想，劲往一处使，圆满地完成了各项工作任务，得到了指挥部领导、参建单位的一致好评。

转眼间，两年多的建设过程结束了。葛正鹏这位巴蜀男儿已经在塞上大地默默耕耘了40多个春秋。石中高速公路北段的顺利建成，使这位“老公路”人生的征途上，又留下了一串厚重的脚印，事业的篇章里，又写下了辉煌的一页，对公路事业执着的追求中，又增添了新的奉献。

青山踏遍终不悔

李建宁，男，汉族，宁夏银川人，1958年生，中共党员，大学文化，高级工程师，宁夏公路勘测设计院院长。曾获“全国交通系统先进科技工作者”、“全国优秀勘察设计院院长”、“全国交通系统青年科技英才”等荣誉称号。

初识李建宁，见他戴副眼镜，儒雅文静。也许是常年在外风吹日晒，皮肤略显黝黑，有点块头，也很有精神，走起路来总是急匆匆的，好像总有干不完的事一样。走进他的办公室，桌头、书柜到处都堆满了各种公路工程技术标准、规范和勘测设计资料，整齐有序，桌旁的一台计算机像给他做伴一样，也不知疲倦地运行着。他给人的第一印象就是干练、严谨、实干。

1982年，李建宁从西安公路学院公路工程专业毕业。那时，像他这样的大学生可是“香饽饽”，不少地方都在争着抢着要，而他却义无反顾、踌躇满志地回到了生养自己的家乡宁夏。从参加工作的第一天起，他就暗下决心，实现父母给他起名“建宁”的心愿，立志改变家乡的落后面貌。

他选择了宁夏公路勘测设计院，从最普通的技术员做起，以扎实的专业技术知识，朴实的作风和虚心好学、踏实认真的工作态度，出色地完成了一项项工作，先后参加了109国道桃山口至喊叫水二级公路、沿山公路南北段、石营公路、银古一级公路及银川黄河大桥、银灵武一级公路、中卫黄河大桥、姚叶高速公路、古王高速公路等区内重点公路工程的勘测设计。转眼间20年过去了，他的足迹踏遍了宁夏的山山水水，完成了一大批勘测设计任务，得到了领导的肯定和同志们的好评，同时也使自己逐渐成长为一名优秀的专业技术管理人才。

1994年，李建宁被推上副院长的领导岗位，主管全院的生产和经营，他深感肩上的担子不轻。当时，随着全国公路建设市场的不断开放，许多勘测设计单位出现了“无米下锅”的局面。他和职工们心急如焚，积极出主意，想办法，主动出击，找米下锅。机遇总是偏爱有准备的人。他们远上新疆承揽吐—乌—大高速公路工程施工监理任务，1998年又第一次走出宁夏，承担了陕西省神木县一条60公里的山岭重丘区二级公路的勘测设计。李建宁带领精兵强将，一头扎进荒山野岭，深入实地勘测设计，经过50多天的艰苦努力，一幅穿越黄土高原重重大山的公路蓝图设计如期完成，为宁夏人争了光。当地政府和群众送给他们一面写有“开路先锋”的锦旗，表达感激和敬佩之情。

1998年，李建宁出任设计院院长。上任伊始，他就不畏艰难，大胆改革，大力压缩机构，精减机关人员，充实生产一线，完善经营责任制，大胆选拔任用年轻技术骨干，积极培养引进人才，营造了一个公平竞争、崇尚知识、注重人才、多劳多得的良好机制，使设计院的工作在短时间内上了一个新台阶。年轻的技术骨干马占伏、郭书林等，业务过硬，虚心好学，责任心强，李建宁就毫不犹豫地推荐、提拔、重用。一些工程技术人员需要“充电”，他就积极创造条件，鼓励帮助专业技术人员攻读硕士研究生学位，组织他们到外省区参观学习,借鉴发达省区高速公路建设成功经验，开阔眼界，更新知识，提高设计水平。

工欲善其事,必先利其器。现代化的高速公路勘测设计，已经告别了尺量笔画的时代，李建宁深谙此理。在他和院领导班子的多方筹划和共同努力下，先后投资500多万元，引进全球卫星定位技术、地理信息技术、地质遥感技术、计算机辅助设计系统等先进技术和设备，广泛应用于公路测设，使计算机出图率达100%。院里专业技术人员人手一台计算机，建成局域网，实现了资源共享，大大提高了设计能力与设计质量。

1998年，国家实施积极的财政政策，扩大内需，加大了公路交通等基础设施建设投入，宁夏公路建设迎来了前所未有的历史发展机遇。交通厅积极抢抓机遇，石中高速公路姚叶段、北段、南段和中郝高速公路、古王高速公路相继开工建设。能否抓住机遇，关键在前期工作和项目储备。设计院为此承担了大量工作任务，做出了突出贡献，在短时间内就保质保量地完成了近500公里的高速公路工程可行性研究及测设任务,为宁夏抢抓机遇,争取国家项目支持创造了十分有利的条件，实实在在地立了一功。李建宁更是辛苦备尝，功不可没。

1998年7月，设计院承担了石中高速公路北段工程的可行性研究和测设工作。这时的设计院，大部分人马还都在陕西神木进行野外勘测，院里只有十几个人，大多数还都是女性。姚叶高速公路正在加紧建设，接下来将一鼓作气实施向北延伸段工程，勘测设计工作不能拖工程建设的后腿。李建宁清醒地认识到，这是一项时间紧、任务重、要求高的硬任务，于是主动请缨，带领工程技术人员冒酷暑、战风沙，高质量地如期完成了任务。人们说，北段工程提前一个计划期开工建设，又提前一年高标准地建成通车，功劳簿上不能忘了记上勘测设计人员一笔。

有多少耕耘就有多少收获。由宁夏公路勘测设计院设计的银古一级公路、银川黄河公路大桥、中卫黄河公路大桥分别获得自治区优秀设计一等奖；银灵吴一级公路设计获得2000年度国家铜质奖章；设计院也多次被评为自治区勘察设计先进单位、交通系统文明单位、银川地区优秀企业，2001年还荣获自治区“五一”劳动奖状荣誉称号。李建宁也在1999年被评为全国交通系统先进科技工作者，2000年被评为全国优秀勘察设计院院长，2001年被评为全国交通系统青年科技英才。

如今，塞上宁夏已由过去的“远介朔陲，交通梗阻”，变成由“三纵六横”公路网连接沟通，高速公路不断延伸的新宁夏，变得更加开放了，也更加美丽可爱了。宁夏公路勘测设计院也由过去名不见经传的“小兄弟”，变成了经济、技术、设备实力雄厚，能独立承担高速公路勘测设计的设计院。面对这沧桑巨变，作为亲自参与描绘宁夏公路建设蓝图，亲手实现这一转变的李建宁来说，沉稳的他，脸上有了舒心的笑容。

青山踏遍终不悔，丹心一片化路桥。

无情之中见真情

路满有，男，汉族，1949年生，初中文化，宁夏固原人，中共党员，宁夏公路工程局桥梁工程处副处长。1997年被自治区人事劳动厅、交通厅授予“十佳建桥功臣”。

妻子常抱怨他是个无情的丈夫、不称职的父亲。1999年7月，路满有的小儿子病重住进了医院，妻子干着急没办法，整日以泪洗面。他顾不上安慰妻子，更顾不上照顾病床上的儿子，白天仍坚守在拌和站安排施工，只有用晚上的时间到医院陪陪儿子，替换妻子。此时正值施工黄金季节，工地离不开他。平时通情达理的妻子这时也有点忍不住了，边哭边埋怨：“你工作再忙，单位的事再大，能有儿子的命重要吗？”

母亲气他不念骨肉之情。1999年9月，路满有远在固原老家的弟弟因病生命垂危，母亲多次打电话催他速归，让他见上弟弟最后一面。但工地上实在脱不开身，三搅两搅，待他紧赶慢赶3天后回到老家，弟弟最终还是带着遗憾离开了人世。老母亲每想起这件事就非常生他的气。

2001年10月，路满有的小弟弟从固原打来电话，说母亲身体不好，赶快回来看一下。此时北段路面工程已近尾声，但工地上忙得不可开交。他嘱托弟弟好好照顾母亲，依然奔波在施工工地上。几天后的一天夜里，弟弟突然打来电话，既是悲痛又是责备，告诉他母亲已经去逝，弥留之际一再念叨二儿子满有。路满有没能和养他、疼他、艰难地拉扯他长大的老母亲见上最后一面，成为终身的遗恨。

不知内情的人一定会问，他咋是这么一个“无情”的人。

其实，路满有的心里在流泪、在流血，他哪里是一个不近亲情的人。他对妻子愧疚很深，因为欠她的太多；他对儿子疼爱有加，因为没有时间多给一些父爱；他对弟弟手足情重，在朴实的弟弟身上，有他从前的影子；他对母亲更是无比孝敬，因为母亲拉扯他的艰难，牵挂他的慈爱，只有他最清楚。每当想起这些，他就心中隐隐作痛。是因为忙，顾了这头顾不上那头，忠孝难全呐!

出生在贫瘠甲天下的西海固山区的路满有，对公路通、百业兴有深刻的认识和特殊的感受，有一股子认准的事就决不回头，拼上命也要干好的倔劲。当他终于走出大山，当了一名筑路工人后，心里别提有多高兴了。他先后干过混凝土工、架子工，领导指到哪里，他就干到那里，总是挑最苦最重的活干。由于他好学上进，刻苦钻研，深得领导的器重。1973年，他被调到队部负责全队车辆、机械的调度工作。为了掌握各种机械、车辆的性能，他不懂就问，虚心向老师傅请教，很快熟悉了调度管理和机械车辆的维修保养，成为一个行家里手。1983年修建中宁黄河大桥，工地上急需大量钢模板，时任机运队副队长的路满有精打细算，亲自带领人员自制钢模，不仅保证了工期，还为单位节约资金8万多元。

工作上，路满有是一个有名的“拼命三郎”。1986年7月，路满有经领导批准回老家帮助抢收小麦。此时，石嘴山黄河公路大桥正在紧张建设，要施工拆卸挂篮，危险性大，队上只好拍电报召回他，让他负责拆卸。他看到施工难度大，容易出事，就亲自上去拆卸。突然，一名职工不小心一锤将钢销打掉，挂篮猛地一晃，将他从9米多的高空抛进滚滚黄河。当时在场的工友都被眼前这一幕惊呆了，心都悬到嗓子眼上。

工友们当即将他救上岸送进医院，医生诊断他的头部严重受伤，两臂骨折、手指断裂、门牙脱落，经过全力抢救，终于脱离了危险。在治疗期间，他克服常人难以忍受的痛苦，以顽强的毅力积极配合治疗，使医护人员都为之感动。

1997年4月，桥梁工程处首次中标姚叶高速公路D合同段的施工任务，其中90多万立方米路基填筑料要从黄河以东拉运。处里把拉运土方的艰巨任务交给他，并提醒他合同要求3个月必须完成土方36万方，没想到他却完成48万方，在指挥部组织的综合考评中，连续3次夺得第一。

1999年初，由于他的突出表现，被提拔为桥梁工程处副处长。在负责姚叶高速公路贺兰至姚伏段27公里路面施工任务时，面对人员少、工期紧、任务重等诸多困难，他带领职工在路面上起早贪黑，昼夜奋战，早晨四点多钟起床，晚上八九点钟才拖着疲倦的身子返回驻地，每天工作十几个小时，吃在工地，干在工地，晚上又要安排第二天的施工任务，出工、收工几乎一天两头不见太阳，硬是提前完成了施工任务，进度和质量都受到指挥部好评。

2001年初，桥梁工程处中标承建石中高速公路北段63公路的路面工程。上级领导多次强调，路面工程是北段工程的重中之重，是创建精品工程的关键，必须在10月底前保质保量完工。处里经过认真研究，将主线31公里及惠农、石嘴山两个匝道、连接线等施工任务交给了他。他所施工的地段，每年四五月份风沙不断，大风刮起，天昏地暗。4月初的一场大风，将拌和站储备的100多吨石灰、粉煤灰吹走一大半，停在路基上的压路机、推土机挡风玻璃全部被打碎。面对重重困难，为了完成任务，开工伊始，他对职工进行深入的思想动员，对工程质量、进度、安全、文明施工提出严格要求。5月初，桥工处在全路段开展“大干一百五十天，确保北段路面工程完”的劳动竞赛活动，他带领项目部职工起早贪黑，确保进度。为了保证工程质量，他每天盯在施工现场，发现问题，立即解决。5月下旬，二灰拌和料石灰告急，由于石灰供不上，一些当天运来的料当天就消解拌和，夹杂了一些没有完全消解的石灰，致使180米路面基层出现“蘑菇包”，他发现后立即全部铲除，受到现场监理的赞许。在他的严密组织和职工的共同努力下，路面施工劳动竞赛热火朝天，底基层、基层、下面层、上面层施工一环套一环，进度日新月异，并创造了一天摊铺1.2公里的新记录，在指挥部月检中连续4个月获得第一。

2001年8月31日上午，灿烂的阳光又一次普照在石中高速公路北段工程工地，全体参建人员满怀胜利的喜悦，兴奋地聚集在平罗立交桥处，大家羡慕地看着路满有等10名建设功臣身披绶带，胸佩红花，精神抖擞，神情激动地亲手剪下那象征成功和胜利通车的彩带……

冰心老人有句名言：“人们总是羡慕那些成功者面前的鲜花，却从来没留意它背后的艰辛”。路满有几十年如一日，埋头苦干，一步一个脚印为宁夏公路交通事业奉献着青春和年华。为了工友，他把安全、幸福让给别人，把困难、危险留给自己；为了工作，他舍弃亲情，留下许多他一生都为之痛心的遗憾和内疚。

无情之中见真情，赤胆忠心筑路人。

奉献是人生最美好的事情

余三林，男，汉族，1958年生，陕西汉中人，中共党员，大专文化，工程师，宁夏公路工程局第三工程处副处长。先后获“全国交通系统安全生产先进个人”、“全区交通系统双文明先进个人”等荣誉称号。

余三林在睡梦中笑了，笑得那么香甜，那么充实。由他率领承建的石中高速公路北段工程7合同段，荣获2000年度路基桥涵综合考评第2名。2001年8月31日，石中高速公路北段平罗至姚伏通车典礼上，他还作为10名建设功臣之一，光荣地为通车剪彩。

余三林在宁夏公路工程局是有名的虎将。他有一句口头语，“奉献是人生最美好的事情”。工作以来，他先后参加了惠安堡至萌城公路，国道109线四十里店段、永宁段，银平公路固原段，国道110线大武口公铁立交桥的改建新建工程。特别是1996年以来，在银灵吴一级公路、姚叶高速公路L合同段、石中高速公路北段7合同段、1A合同段的施工中，都担任项目经理，高质量完成了各个项目的建设任务，多次获得指挥部、工程局评比第一名。1999年，由他主持的QC小组获交通部“全面质量管理先进小组”称号。

1999年9月，三处中标承建石中高速公路北段路基桥涵7合同段，能征善战的余三林又一次担任项目经理。7合同段工程量大，包括北段规模最大的平罗立交，总投资达3300多万元，路基填方60多万立方米，路基最高处达8米多，立交桥4座，其中两座跨交通繁忙的大平公路，施工难度大，技术要求高。余三林不怕困难，大胆上阵。为了确保工程任务的完成，他在项目部成立了以他为组长的青年突击队，投入施工建设当中。

这员虎将十分崇尚科学管理。工程开工后，他结合工地实际，推行了一系列科学管理办法，制定了严格的质量管理、财务管理、劳动纪律管理、成本核算及安全生产等制度，建立健全了质量保证体系，把目标成本管理落实到每个施工环节，精心组织，精心施工。他把工程任务一一分解、细化到每个职工，人人职责明确，质量进度有计划、有落实，定期检查评比，奖罚分明，每月底将检查考评情况张榜公布，工程质量好坏，进度快慢，一目了然，起到了很好的促进作用。一系列行之有效的管理办法，极大地调动了职工的积极性，职工的潜能得到了充分发挥，项目部很快形成了人人争先进、个个学先进的良好风气。

榜样的力量是无穷的。余三林是由工人一步步干上来的。几十年的施工实践，使他练就一身过硬的技术，并积累了丰富的经验，关键工序、重点部位施工，他身先士卒，坚持跟班作业，困难、问题现场解决。全合同段126根钻孔灌注桩施工时，正值数九寒天，由于地质结构复杂，钻孔时经常遇到塌方，每次出现这种情况，他都现场指挥调度，险情排除不了，他一刻不离开现场。一次修复进场便道时，为了不耽误第二天运土，晚上10点钟开始铺设管涵，整整一夜他都在施工现场指挥，没离开一步，嗓子都哑了。

虎将确实有一股子虎劲。平罗互通立交施工中，正当他们准备甩开膀子大干时，地质水文情况发生变化，部分设计要变更，余三林那个急呀。变更设计批复一下达，他就进行了更为严密的组织和计划，24小时连续作业，78天的时间完成挖方4800多立方米，浇注混凝土1260多立方米，硬是把耽误的时间抢了回来。虎将的手下也个个有一股子虎劲。青年突击队承担了全部盖梁浇筑任务，短短28天时间就完成了26座盖梁，是原计划2个月的工作量。后来又用了3个月时间，优质高效地完成了主体工程，创下了新记录。

工程质量是企业的生命。项目部经常开展“质量在我心中，精品在我手中”活动，使质量意识、精品意识深入每一个施工人员心中。为了确保工程建设的质量，他还充分发挥青年知识分子思路开阔、创造性强这一优势，大胆试用新技术、新工艺，解决施工中的一些质量通病，提高工程质量。他还主持开展QC小组活动，研究解决混凝土浇注的模板工艺，避免了在混凝土浇筑中出现接缝漏浆、构造物大面积平整度超标等常见缺陷。为了创建精品工程，项目部用先进的试验仪器，对进场的全部原材料进行检测化验，杜绝不合格材料进场。

在指挥部、工程局的各种检查评比中，7合同段项目部的工程质量、进度多次名列前茅，其中综合考评连续3次名列全线11个合同段之首。他任队长的青年突击队，2001年4月被团中央、交通部授予“全国青年文明号”荣誉称号。

虎将干起工作来虎虎生威，安全生产上却周到细致。项目部承建的2座立交桥跨大平公路，交通量大，行人多，安全事故隐患不少。他就安排制作安全警示牌和标语，多处悬挂和张贴，施工中严格执行安全保障措施，并派专职安全员巡回检查，保证了大平路的畅通和工程的顺利进行。预制预应力空心板时，采用整体张拉、整体放张新工艺，使用精轧螺纹钢连接器，加强安全保障措施，确保了施工安全。施工期间，未发生任何安全事故，项目部被评为交通系统安全生产先进集体，余三林被评为全国交通系统安全生产先进个人。

虎将的虎气还足着呢，刚下北段工程的他，又带人虎冲冲地奔向了石中高速公路南段路面工程的建设工地。

留在路上的青春足迹

张辉，男，汉族，1968年生，辽宁锦州人，大学文化，工程师，宁夏公路工程局机械筑路处副处长兼总工程师。

1991年夏天，年满22岁的张辉道别情深依依的师长校友，告别了七月流火的古城西安，带着七彩的憧憬和美好理想，回到了生他养他的宁夏，在宁夏公路工程局第一工程处当了一名普通的技术员。怀着报效家乡父老的强烈愿望和施展抱负的满腔热情，他加入到宁夏公路建设行列。凭着勤奋踏实、吃苦耐劳、虚心好学的劲头，很快学到了一身真本领，先后负责几个项目的技术工作，崭露头角，令人刮目相看。伴随着银平公路、银古一级公路、银灵吴一级公路、姚叶高速公路等区内一批重点项目的建设完成，他也逐渐由一名普通的技术员成长为宁夏公路工程局的业务骨干，在塞上大地留下一串清晰而坚实的青春足迹。

1999年9月，对宁夏公路工程局来说，又是一个收获的季节。经过一番激烈的竞争，机械筑路处凭借雄厚的实力和优良的业绩，中标承建石中高速公路北段工程6合同段的施工任务。这个合同段工程量大，投资达5000多万元。为了完成这一艰巨的任务，张辉站出来主动请缨上阵。看着这个精明干练、跃跃欲试的小伙子，领导信心倍增，拍板让他出任项目经理。其实领导早已把他列为6合同段项目经理的候选对象，只是此时他已担任机械筑路处的总工程师职务，全面负责技术工作，肩上的担子已经不轻，因此一直不忍心再给他加一副重担。但这个有扎实专业基础理论知识，技术过硬，业务熟练的年轻人，身上总有使不完的劲，近年来又干过姚叶高速公路Q合同段的项目经理，一直在生产一线工作，积累了较丰富的实践经验，北段所处的石嘴山又是他生于斯长于斯的地方，由他来挑这副重担，是最合适的。

是好马就要放到战场上去驰骋，是好钢就要投入实践中去淬砺。就这样，张辉铺盖一卷，走马上任了。

6合同段地处平罗县高庄乡西侧，地势低洼，盐渍土多。张辉放下行李，就组织人员、设备、机械进场。盐渍土地段地下水位高，大部分地表积水，土方运输车辆根本无法进入，因此，进场便道铺筑的快慢和好坏，将直接影响到路基土方的填筑进度。此时，他也有点着急，立马找来推土机，用钢丝绳拖着土方运输车辆行走，拖一米，铺一米，他和职工们一样，双腿粘满了泥水。就这样仅用了20天的时间，进场的便道铺通了，为工程加快进度赢得了宝贵时间。

钻孔灌注桩施工时，塞上已是初冬寒冷的季节，他和大家一样早出晚归，顶着凛冽的寒风，坚守在工地，脚站肿了，他全然不顾，心里只有工地。在他的带领下，仅用了42天，就顺利完成了156根钻孔灌注桩的施工任务。

6合同段有一段长600米的苇湖地段，需处理土方多达5万多方，若不利用冬季地下水位较低时进行施工，来年就会拖整个工程的后腿。项目部决定组织挖掘机、推土机昼夜不停地挖除淤泥。为加快进度，争取时间，张辉每天来到施工现场，踩着淤泥踏勘，量测挖淤是否符合标高，要求彻底把苇根、淤泥清除干净，以保证路基的质量。

6合同段共有路基土方108万方，桥涵构造物45座，工程量大，任务重，工期紧。张辉和技术人员仔细研究关键工程、关键工序，运用科学的网络计划控制施工进度，协调组织材料机械和设备，使各分项工程紧张有序进行。为了保证工程质量，项目部成立了以项目部总工、质检科长为首，主任工程师、质检工程师及班组技术员、质检员为成员的企业自检质量保证体系，做到层层把关，层层负责。在工序交接中，严格执行施工班组自检、项目部互检、驻地监理工程师中间交验检查的“三检”制度，认真开展“一按（施工方案）三工序（复查上工序、保证本工序、服务下工序）”活动。组织全体员工学习施工规范和操作规程，教育施工人员做到人人关心质量，人人重视质量，强化质量意识，使工程质量有了保障，并提前一个半月完成了施工任务。

张辉是个不“安分”的人，永不满足现状。预应力空心板过去通常采用的做法是单根张拉、砂箱放张，操作起来很繁琐，张拉、放张不均匀也容易出现质量问题。他带领技术人员成立QC小组，作为攻关课题，大胆试验。一个月内试验做了一次又一次，方案换了一个又一个，终于成功地建成了先张法预应力空心板整体式张拉锚固体系，有效地控制了钢绞线张拉的均匀性，减少了预应力的损失，保证了空心板起拱度的均匀性，同时，提高了张拉的安全性，节省了钢绞线，操作又简单。这一技术仅在6合同段使用就节约资金13万元。这一创新也受到交通厅、指挥部及工程局领导的好评，在全区公路建设中广泛推广应用，长安大学学报详细介绍了这一成果。

世上无难事，只怕有心人。通过这次成功的尝试，张辉总结出一个道理：做生活中的有心人，生活就会给你丰厚的回报。

从此，张辉做有心人的劲头更高了。他发现工程施工中钢筋的搭接普遍采用搭接焊技术，电焊工劳动强度大，电焊条消耗多，焊缝质量不易控制，工作效率低，就率先在工程中大胆租赁使用了闪光对焊机进行焊接，既提高了加工钢筋的效率，降低了电焊工的劳动强度，又节约了钢材，保证了质量，降低了成本，提高了效益。

有心人处处有心。在施工中，他不忘“施工一地、造福一方”，努力为当地群众排忧解难，受到了当地群众的好评。平罗县高庄乡幸福村和惠威村辖区的土地大部分是盐渍土，又在唐徕渠的末梢，由于排水沟年久失修，使两村的农田排水不畅，每年都有农作物烂根、烂秧的情况，造成不同程度的损失。项目部组织挖掘机对长1.2公里的主排水沟和长800米的支排水沟进行清淤。当地群众高兴地说，筑路职工真好，又为咱农民做了一件大好事。

大干一百天的日子，正是塞上盛夏时节。由于旧病复发，他连行动都十分困难，许多人劝他住院治疗，可是他想大干刚刚开始，如果自己躺到医院里，必然会影响大家的情绪。他带病坚守在工地，仍然象往常一样，每一道工序、每一项施工都不放过。不知内情的人，根本看不出他是个病人。由于拖延治疗时间，病情急剧加重，他不得不住进医院。但每当有人从工地回来看他，他总是要急切地问问工地的施工进展情况。手术后不久，他又重返工地。

2000年9月，路基桥涵工程交工验收，6合同段被评为优良工程。

对年轻的张辉来说，路，是他实现理想的地方；路，又是他青春最好的伴侣和见证；路，还是他执着的追求。他坚实厚重的足迹，将继续留在不断延伸的路上。

大 路 如 歌

王忠兴，男，汉族，1965年生，内蒙古赤峰人，中共党员，大学文化，工程师，宁夏公路管理局公路工程处副处长兼总工程师。

在石中高速公路北段工程建设工地上，有一位特别能吃苦、特别能奉献的青年工程师，他用顽强的毅力，执著的精神，实践着一个共产党员的人生追求。他，就是承担石中高速公路北段4合同段施工任务的宁夏公路管理局公路工程处副处长兼总工程师王忠兴。

"累断筋骨不弯腰"

一个黑沉沉的深夜，风雪交加，贺兰山下刺骨的寒风穿透门窗，吹进驻扎在惠农县西永固乡的4合同段项目经理部宿所。突然，一阵急促的敲门声，把劳累一天的马占陆处长惊醒，处里的张刚急切地告诉他，王忠兴的病又复发了。马占陆连忙叫起党支部书记胡建军，一块来到王忠兴的住处，见他和衣蜷缩在床上，脸色苍白，虚汗淋漓。见此情景，他俩坚决要送王忠兴到医院。可王忠兴央求说，"没事，没事，我这是老毛病，犯一阵就好了，你们劳累一天，赶忙回去休息吧"。马占陆和胡建军怎么说也犟不过王忠兴，于是再三叮嘱他明天就不要上工地了。对这样一个身患重病又忘我工作的人，全处上下人人敬佩，个个心疼。

1999年10月1日，举国上下沉浸在国庆50周年庆典的喜悦之中，可4合同段的工地上却依然是马达轰鸣，人声鼎沸，一派热气腾腾的场面。负责桥涵施工任务的王忠兴又一次放弃节假日与亲人团聚的机会，坚守在工地上。当时全线桥涵12个施工队平行作业，王忠兴脚底象抹了油似的，一会儿在这个工地，一会儿又出现在那个工地现场检查指导。为了抢时间、赶工期，各作业队加班加点，夜间施工，处里领导也跟着加大夜间巡查次数和力度。一次夜间巡查时，王忠兴的糖尿病又发作了。同事们都劝他回去休息一下，但他执意要检查完最后一个点。同路的马占陆有点火了，说："赶快回去休息"，可王忠兴硬挺着又到另一个工地去了。马占陆拗不过他，只好叹一声："这个倔人啊，真是累断筋骨不弯腰！"

"质量容不得半点马虎"

王忠兴常说，质量容不得半点马虎。作为一个工程技术人员，必须具有严肃认真、一丝不苟、深入实际的工作作风。

1999年10月7日，4合同段钻孔灌注桩正式开工。指挥部下达了在3个月内完成18座桥共计294根钻孔桩的施工任务，这对工程处来说，难度相当大。当时负责桥涵施工的技术人员少，沿线地质情况复杂，淤泥、流沙都给施工带来许多不便。王忠兴和技术人员认真分析，研究制定了科学的施工方案。11月中旬的一天下午，4合同段西燕路立交桥钻孔桩在灌注过程中，发电机出现故障，如不及时处理，将有发生断桩的可能。已劳累大半天的王忠兴听到后，马上赶到现场，要求施工人员采取人工拌和混凝土的方法，继续灌注。然后又及时调来一台发电机解决供电问题，避免了一起断桩事故的发生。

在4合同段钻孔灌注桩施工的100多个日日夜夜里，从钻机就位到钻孔、检孔、下钢筋笼、灌注水下混凝土，每道工序他都仔细检查，毫不马虎。这段时间里，王忠兴连续跟班3个多月，平均每天工作15个小时，几乎没有睡过一天安稳觉。冬季的荒滩戈壁，格外寒冷，刺骨的北风吹得穿着棉大衣的施工员不停地打颤。王忠兴在外面一站就是六七个小时，冻得实在挺不住了，就在地上来回跑几步，始终不离现场。正是凭着这种忘我的精神和严谨的作风，才使4合同段的18座桥梁及构造物一次性全部通过交工验收，工程质量优良。

王忠兴的行动深深地感染了处里的年轻职工，在4合同段工地，形成了你争我赶的工作场面。驻地一办高级监理工程师韩帮源来工地检查，被工地上的感人场面所感动，连声向马占陆说，“王忠兴这些小伙子，个个象铁人，你一定要关心照顾好他们，不然铁人也会熬倒的。”

“这辈子和公路有缘”

王忠兴1990年从西安公路学院毕业，10多个春秋过去了，一直以工地为家，与公路作伴，如今，未到中年就留下一身病。人们称赞他的同时，也总是关切地劝他，“你孩子小，身体又不好，找找领导调到机关去，也能养养你的病。”王忠兴说，“这些事一点不想，那是假话，可是一事当前，总得先往大处想，哪能只想自己，说心里话，我也舍不得离开公路，看样子，这辈子是和公路有缘了。”

他对公路的那股“迷”劲，有时简直到了忘我的程度。人们记得，前年冬天，5岁的女儿患病住进了医院，连续打了9天吊针，他因为工地上正在进行钻孔桩施工而离不开工地，直到孩子出院后才回去匆忙看了一眼。人们还记得，参加高速公路建设4年多来，他几乎没有休过节假日，心里除了路还是路，工地成了他的家。

付出了，总会有回报。1998年，王忠兴因业绩突出，被宁夏公路学会授予“优秀工程师”荣誉称号，1999年光荣地加入了中国共产党，实现了他梦寐以求的愿望。

大路当歌，当为奉献它的筑路人而歌。

大路如歌，如一曲优美感人的奉献之歌。

黑土赤子黄土情

母德馨，男，汉族，1933年生，辽宁沈阳人，中共党员，中专文化，高级工程师，石中高速公路北段总监理工程师。

石中高速公路北段工程是宁夏重点建设工程，是这几年宁夏公路建设的“重头戏”。选择一支资质高，业绩好，敢抓敢管，认真负责的监理队伍是确保工程高质量，高标准建设的重要一环。经过公开招标，中国公路工程监理咨询总公司北京路捷咨询有限公司中标。路捷公司参与宁夏公路建设多年，知道业主历来要求严格，于是派出了以母德馨为总监的监理队伍。

对母德馨，工地上多数人都了解。这是一位来自白山黑水、有40多年公路建设经验的老头，在陕西省公路局工作时，就曾获过省级先进工作者称号，后离开黄土地调回沈阳高等级公路建设公司任总工，退休后，也没闲下来，被路捷公司慕名聘请，1998年在姚叶高速公路建设中就做监理工程师，这次又让他出任总监，全面负责这支担负重任的监理队伍。

两年多的监理工作，母德馨始终坚持“严格监理、规范服务、秉公办事、一丝不苟”的原则，身先士卒，深入工地，尽职尽责，做出了突出成绩。

“铁面人”

“严字当头、加强管理、保证质量、创建精品”，这是北段工程提出的质量目标和工作方针，同时也是母总的工作原则。他把这句话作为口头禅，用来要求就有的监理人员，同时也用来要求施工人员和承包单位。不管是领导还是职工，不管是老工程师还是年轻下属，只要质量方面出现问题，他都铁面无私，彻底纠正解决方才罢休。他常说，“我要对监理公司负责，对业主负责，对国家和人民负责。”

1合同段桥梁施工，混凝土配合比未严格按标准计量，钢筋绑扎不符合要求，施工不讲程序，他发现后不留情，不手软，坚决要求返工。有一次工地巡视时，他发现路基填土超厚，下令让施工单位返工。有一个合同段砌筑护坡时，水泥砂浆砂子不过筛，他坚持返工重砌，还狠狠地批评了驻地监理。在他的严格要求和严格监理下，北段工程桥梁1322根钻孔灌注桩经无破损检测，一次性合格率达到99.9%，仅有一根断桩也被返工，达到I类桩的要求。

"活电脑"

母德馨对工地情况十分熟悉，记忆惊人。为了掌握工程进度和工程质量第一手资料，他除了开会和处理紧急事务，主要精力都放在施工现场的巡视检查上。一到现场，他和大家一样，桥上桥下，爬边坡，下基坑，认真仔细，根本看不出是个60多岁的人。

两年来，总监办上下行文就达3000多件，这些文件大都是他利用晚上休息时间批阅核对的，常常要工作到深夜才能完成。正是有了这样的深入和细致，工地上许多情况和监理工作中的大小问题都一一装进了他的脑海里。北段工程建成交工之前，我区著名作家张武先生慕名采访母德馨，母工一开口就讲了一大堆数字和事例，根本不用看任何资料。监理工作中发出指令450多件，要求返工混凝土成品件29个计1330方，一次退回不合格砂石料400多方，仅2000年一年就清除不合格碎石715方，片石318方，钢材48吨。一串串数字，一个个事例，脱口而出，使作家不由得惊叹，这简直象个"活电脑"。

"好老头"

母德馨在工作上是"铁面人"，而在生活中却又是个好老头。现场监理巡视时，发现那个施工队伍缺少经验和措施，可能出现质量问题，他不但指出发生问题的原因，还同施工人员一起详细分析施工工艺中存在的问题和解决的办法，毫无保留地传授经验和技术。

驻地办的监理工程师来自各地，水平参差不齐。为了提高整体工作水平和监理工作质量，他对监理进行培训，言传身教，帮助他们提高监理水平，学习掌握监理工作方法和经验。

母德馨性格热情豪放，很会关心照顾人。有人病了，他就赶忙去问寒问暖，陪着上医院；工作中有时发生一些争执，他也不以权压人，不以权威自居，耐心说服，以理服人。他经常教导监理人员要"廉洁自律"，做一个"走得正，站得直"的监理工程师。逢年过节，施工人员出于关心和感谢，有的想请客送礼，都被他婉言谢绝，他说："朋友是朋友，工作是工作，监理工作有纪律，不要让我犯错误。"

这位来自黑土地的老工程师，对黄土地却一往情深，为宁夏的高速公路建设发挥余热，倾注了满腔热情，付出了心血。

长路的召唤

高建国，男，汉族，1956年生，陕西佳县人，中共党员，大专文化，宁夏交通物资公司路面材料供应处平罗拌和站负责人。

在地处平罗县的宁夏交通物资公司路面材料供应处平罗拌和站，耸立着几座大型现代化生产设备，这就是从意大利引进的具有国际先进水平的玛连尼大型沥青混合料拌和楼。这两台拌和设备，生产能力为每小时400多吨。而驾驭这些现代化设备的，却是路面材料供应处几十名普通而平凡的职工，他们是成千上万名公路建设大军中的一部分。在高速公路建设过程中，他们发扬勤俭创业、无私奉献的时代精神，配合路面工程施工人员严把质量关，开展优质服务，赢得了各级领导和路面施工人员的好评。宁夏交通物资公司路面材料供应处工会主席、平罗拌和站负责人高建国就是他们的领头人。

高建国40出头，黝黑的脸膛，炯炯的眼神，粗糙的大手，硬朗的身板　一个典型的筑路人，一看就是一个吃苦耐劳，干起工作能拼命的人。

2001年，石中高速公路北段路面工程开工铺筑，由于质量要求高，工期紧，给沥青混合料的生产供应带来一定困难。为保证沥青混合料生产供应任务的顺利完成，交通物资公司决定就近筹建平罗拌和站。经过慎重研究，决定由技术过硬、经验丰富的高建国负责筹建，将建站和生产管理的重担压在了他的肩上。为了降低成本，抢抓工期，两套拌和设备的土建基础工作由职工自己完成。在完全没有外方技术人员指导的情况下，自己动手搞大型进口设备的土建基础施工，对于高建国和职工们来说是一个新的挑战。3月初的塞上平原，寒风依然刺骨，沙土整天飞扬。高建国吃住在工地，白天指挥放线、测量、施工，晚上召集技术人员熟悉设备基础施工图纸。就这样，他们仅用了20多天时间，就完成了设备的基础土建工程。意大利玛连尼公司安装工程师对土建基础工程验收后，认为几何尺寸准确无误，质量良好，感到非常满意，并对施工图纸的修改创新给予了充分肯定，外方工程师高兴地连声说OK！设备基础施工完成后，又进入了紧张的设备安装调试阶段。由于设备配件未能按期到货，缩短了安装工期，高建国不得不又一次带领职工同时间赛跑。他们采取先安装国产部件，进口部件到货后再集中人力安装的方法，合理安排人力和时间，终于在2001年5月上旬按时完成了设备安装任务，并一次调试成功，保证了沥青混合料的如期生产供应。

质量责任，重如泰山。高建国对质量管理非常重视，坚持“不合格的原材料不准进场，不合格的混合料不准出站”的原则，主持制定了质量岗位责任制，划清不同岗位的质量责任，实施全员质量管理，有效地提高了沥青混合料的质量。他要求质检人员严格执行公路工程施工规范，对原材料进行严格检测把关，经常到原材料现场进行观察、目测。在生产工艺上把关更严，原材料加温、拌和温度、拌和时间等全部实行电脑控制，工作人员全部实行岗前培训，持证上岗，严禁违规操作。成品料先进行严格自检，不合格的沥青混合料不准上路。他还非常注重质量信息的反馈，经常和路面施工人员保持联系，带领质检人员去路面摊铺现场了解情况，沟通意见，发现问题，及时解决，不留隐患。

高建国不仅善管理，而且技术精。2001年9月，因为连续几天气温骤降，生产线干燥筒遇低温凝结堵塞，无法点火，一向十分忙碌的生产立时停顿，面对站内几十辆等待拉料的车辆和全部停工待料的路面施工现场，想着由此造成的巨大损失，高建国心急如焚，沉着应对，凭借熟悉管道技术的特长，很快就判断出事故部位，并亲自拆卸、清洗、安装，经过一个多小时的抢修，终于排除了故障，恢复了正常生产，而他自己却变成了个“油人”。在他这种脚踏实地、苦干实干的精神影响下，职工们常年奋战在施工一线，无怨无悔，无私奉献，把汗水洒在绵延伸展的高速公路上。

可是，这个坚强汉子，身后却有许多让他辛酸的故事。有一次正是生产大忙季节，突然家中来电话叫他马上回去，妻子高烧不退，无人照料。职工们都劝他先回家看看，高建国却说，“现在每天要出三四千吨的料，生产高峰期我回去怎么行？”家里煤气用完了，没人换，电路保险丝坏了，没人修……妻子的埋怨，让他心生愧疚，可是在高建国心里，公路建设和个人私事轻重自有掂量。他常说，“要是都只想着去照顾家，谁来搞公路建设。”

高建国顾不上照顾自己的小家，但对拌和站这个大“家”却十分关心。平罗拌和站地处荒野，生活条件艰苦，工作环境枯燥。为了给职工改善生活，他经常派车到县城购买新鲜牛羊肉和蔬菜。夏天，拌和站四周潮湿，蚊虫较多，一人一顶蚊帐就提前送到职工手里。为了活跃职工文化生活，站里配备了电视、音响等娱乐设施，工闲时，他和大家一起开展一些健康有益的文体活动，职工之间了解更深了，团结更好了，大家的干劲更足了。

石中高速公路北段的沥青混合料生产供应任务已经圆满完成，建站时间不到两年的平罗拌和站，也被交通厅命名为文明单位。高建国来不及再去回望一下他们亲手铺就的黑色锻带一样的高速公路，又开始了新的征程——筹建吴忠沥青拌和站，开始为石中高速公路南段沥青混合料的生产供应做准备，不断延伸的长路时刻在召唤着他们。

把高速公路装扮得更美丽

曹阳，男，汉族，1963年生，大学文化，江苏南京人，高级工程师，宁夏华通达实业有限公司副经理兼总工程师。

在透着微微凉意的秋夜，乘车在石中高速公路上飞驰的时候，你一定会为眼前的美景赞叹不已：伫立在两旁的一个个标志牌、一排排防护栏，在汽车灯光的照射下发出耀眼的亮光，迅疾地闪向你的身后；黑色路面上一条条标线，像神女手中舞动的白色飘带，指引你奔向远方。这些交通安全工程，如同一件件靓丽的服饰，把高速公路装扮得十分壮观、美丽，给人以艺术的享受。精心装扮这些高速公路的，就有年轻的高级工程师曹阳。

2001年4月，曾承担姚叶高速公路交通安全工程、获得质量优良评价的宁夏华通达实业有限公司，又一次竞争中标石中高速公路北段交通安全工程2合同段。这项时间紧、任务重的“面子活”，又一次落在了副经理、总工程师曹阳壮实的肩上。

只有38岁的曹阳，是80年代中期毕业的大学生，曾留学法国，年富力强，在公路建设工地上摔打、磨练了10多年，具有丰富的管理经验和过硬的施工技术。长期的工作实践，养成了他精益求精、不懈追求的作风。他常说，干什么工作都要有一个目标，就是要争取做得最好；干交通安全工程，本身就是创造美，又与人的安全息息相关，更要精雕细刻。

曹阳深深地知道，要想创造精品工程，就要有一流的管理。工程一开始，他就大胆推行新的管理办法项目管理法，把项目目标、施工程序、质量标准、进度控制、半成品购置、成本控制等指标，同项目部成员、专业工程师的管理岗位和个人收入挂起钩来，按工程实际，把管理岗位分为护栏、标志、标线、隔离栅四项，由专业工程师负责分项工程的全过程管理，形成分工协作、职责明确、责权利统一的管理体制，极大地调动了员工的积极性，形成人人肩上有责任、人人头上有指标、互相竞争、互相激励的机制，增强了管理人员、施工队伍的责任心、凝聚力。

曹阳对材料选样和进场把关一丝不苟，在改进设计方案上，大胆创新，在现场质量控制中严格要求。在他的带领下，职工们攻克一个个坚固的堡垒，闯过一个个难关，按期高质量完成了合同段的施工任务。

为采购高质量的材料，曹阳根据以往的经验，主持邀请国内最具有实力的几家材料供应商进行供货招投标，择优选择最佳材料。在选择螺栓供应商时，曹阳吸取前几年购买使用的热浸镀锌螺栓有脱皮和拧不紧现象，造成浪费的教训，当了解到供应商中有使用美国技术机械镀锌栓时，他十分高兴，立即组织试用，结果效果非常好。虽然价格比热浸镀锌螺栓高一些，但为了创造精品工程，他毅然决定选用这种先进的螺栓，工程施工中30多万套螺栓没有发现任何质量问题。此后，在曹阳的坚持下，奥地利施华洛奇公司生产的轮廓标和路钮、中日合资生产的标线镀膜玻璃珠等高质量的产品，都被用在北段交通安全工程中。

新材料进场时，曹阳亲自监督，要求极严，一旦发现进场材料有问题，就坚决予以清退，一点都不留情面。他在检查中发现刚进场的一批波形板镀锌层附着力不够，有脱皮现象，立即与厂家联系要求退货，240多吨的波形板被全部退回，仅运费就花了近10万元。有一次，曹阳发现已经安装完毕的波形板色泽不匀，立即严令施工人员拆掉，换上了色泽一致的波形板。

施工中，曹阳还合理改进设计方案，注重选择使用高科技材料。路面标线使用的材料原设计为普通反光珠，但为了增强标线的反光效果，他主动改为镀膜反光珠，大大增加了标线的反光度。桥梁防护网防腐处理原设计采用的是热浸镀锌，银色的防护网与绿色的隔离栅在颜色上不协调。曹阳决定在不追加费用的情况下，选用了价格较高的热浸镀锌加涂塑处理的防护网，安装后的防护网与隔离栅颜色和谐一致，视觉效果非常好。

作为总工程师的曹阳，要主持全公司的技术工作，非常忙。但他为了交通安全工程出精品，仍然挤出时间常往工地上跑，亲自监督施工质量。9月中旬，连绵的阴雨天气使护栏立柱安装工期比原计划晚了3天，施工人员为了赶工期，冒雨进行护栏立柱打桩作业。曹阳根据多年的工作经验毅然决定停止雨天立柱施工。他说，宁愿工期推迟点，也不能影响到工程的质量。因为在雨天，施工人员的情绪容易产生波动，立柱定位控制不准，可能会造成立柱偏位和桩位松动。在曹阳严格要求下，他负责的2合同段交通安全工程全部达到优良工程标准。

在施工过程中，各种困难接踵而来。在护栏打桩时，遇到了打桩施工最头疼的问题　路基填料太大，桩管打不下去。原计划安排30名施工人员和4台桩机就可完成的任务，增加到50名人员和10台桩机仍然达不到工程进度要求。这可把曹阳急坏了，不能因为自己负责的路段进度而影响了整个公司的信誉呀。他一咬牙，给施工人员下了死命令，必须在保证高质量的前提下按期完成任务。他整天呆在现场，坐镇指挥，组织开挖基坑，与工人们一起轮番苦干。桩管打爆了一根又一根，桩锤打烂了一副又一副，钢钎撬断了，铁锹卷了刃，手掌磨出了血……硬是凭着一股敢打硬仗、不在困难面前低头的劲儿，护栏施工终于如期高质量地完成了。

150多天的风餐露宿，150多天的挥汗苦干，北段交通安全工程终于如期竣工了。看着那一排排护栏、一个个标志牌、一条条标线把高速公路装扮得如此气势宏大、如此美观壮丽，曹阳和大家都欣慰地笑了，觉得自己仿佛也变成了一个个标志牌，随同不断延伸的长路向前、向前、再向前。

下篇

铺路石礼赞

赠海巨增指挥长（七古）

张 武

纵横布网路业成，
应为海君记首功。
宵衣旰食频策划，
呕心沥血公路通。
三呼质量精品出[①]，
双休无休工地巡。
国益民利两兼顾，
克己奉公促兴隆。

注①：海巨增指挥长十分重视公路建设质量，再三强调，加快公路建设，第一是质量，第二是质量，第三还是质量。双休日经常到工地检查，关注的还是质量。

赞机械队长耿桂兰（七古）

张 武

披风冒雨如飞燕，
撑起工地半边天。
摊铺碾压顶烈日，
抢修机器冒严寒。
占尽五个第一名[①]，
秘诀一字苦在先。
面黑难掩容颜俊，
心红女杰志更坚。

注①：耿桂兰所在的宁夏公路工程局桥梁工程处担负石中高速公路北段路面施工任务。她本人是机械队队长，据介绍，她是该处的第一个女压路机手，第一个女队长，第一个女党员，第一个女工程师，第一个“三八红旗手”。

作者简介：张武，著名作家。宁夏文联原副主席，现宁夏作协名誉主席、宁夏诗词学会顾问，一级作家。代表作有长篇小说《罗马饭店》、散文集《新闻春秋》。

高速公路英雄谱（七律四首）

秦中吟

指挥部

战略严行志未移，运筹浑如写新诗。
捕来讯息酿奇智，熬尽暑寒出妙思。
一线指挥心不怠，全心服务意难迷。
八千里路云和月，揽作蓝图一赤旗。

工程师

终岁辛劳总未休，扬尘暴里竞风流。
蓝图绘就芳心碎，工地指挥壮志酬。
路线端如生命线，精神实似老黄牛。
狂沙难阻匆匆步，万里征途一望收。

筑路工

紧追工期意自焚，时间踏碎汗雨淋。
风狂沙暴骄阳烈，心急情浓厚土亲。
实地踏来铮铁骨，云天背负炼金身。
一生做石甘铺路，乐在汽车快速奔。

监理工程师

远从闹市到荒村，共与工程受苦辛。
质量紧盯松不得，灵魂净洗守坚贞。
狂沙未蚀明眸子，烈日难焚赤子心。
高速路铺千里外，才为家室报新春。

作者简介：秦中吟，原名秦克温，著名诗人。宁夏诗词学会常务副会长兼秘书长，全球汉诗总会副会长，中华诗词学会理事。代表作有《朔方吟草》、《秦中吟抒情诗选》。

宁夏高等级公路建设赞歌（七绝五首）

崔正陵

一

决策英明似有神，抢抓机遇做飞人。
谁言小省难成事，为有公忠社稷臣。

二

石中北上直通天，气度非凡举世瞻。
开发从兹生羽翼，江南塞上共翩翩。

三

民为根本路为魂，奉献从来不惜身。
座座丰碑彪伟迹，难忘可敬可亲人。

四

修路难能不扰民，排忧踏破万家门。
施工日夜情相系，茹苦含辛绘新春。

五

设计施工得益彰，精英铁汉创辉煌。
风光无限车窗外，可泣可歌故事长。

作者简介：崔正陵，银川六中原校长，宁夏诗词学会常务理事。曾出版诗文论集。

石中高速公路感赋（七律二首）

城　墉

一

石中公路快铺成，回汉人民展笑容。
百业振兴欣有道，千村致富乐无穷。
乌金越野连沧海，红宝穿洋渡碧空。
塞上车流添虎翼，宁夏经济驾长风。

二

宁夏平原一线穿，历尽艰苦建奇功。
马龙车水速加快，世纪工程我称雄。
河上大桥平又展，路中车道畅而通。
资源开发民欢乐，从此贫区不再穷。

作者简介：城墉，原名陈勇，宁夏电力工业学校党委书记，银川市楹联学会会长，宁夏诗词学会副会长。著有《陈墉诗联选集》。

永遇乐·赞宁夏高速公路

李雪松

塞北江南，昨天闭锁，穷困相伴。今日春来，脱贫致富，修路是关键。良机属我，无须催促，回汉同心大干。虎龙跃，迎风冒雪，力顶暴风毒炎。

披荆斩棘，架桥铺路，万里宏图大展。信息畅通，物资交易，生活随人便。车行高速，瞬间千里，直觉身轻如燕。欣圆梦，平平不仄，余为浩叹。

筑路人家属（七律）

李雪松

蜜月新婚不醉心，丈夫修路紧相跟。
深根共扎风沙线，壮志同为百炼金。
寂寞千般甘受苦，温情万种乐馨分。
红花绿叶相扶好，一半勋章佩我身。

作者简介：李雪松，女，宁夏诗词学会秘书。

赞宁夏公路建设者（七律二首）

王正华

一

走遍山川倍苦忙，勘察设计尽周详。
运筹帷幄精研讨，制定蓝图复议商。
三纵六横连市镇，四通八达进村乡。
车笛取代驼铃响，公路篇中写巨章。

二

征地拆迁总费神，协调万户暖民心。
备材运料年经月，压土铺石日复旬。
国道修成连省市，支线联网进乡村。
过江奔海兴宏业，宁夏交通喜报频。

作者简介：王正华，教授，宁夏大学外语系原主任，宁夏诗词学会常务理事。

筑　路　人（七律）

熊品莲

银带条条系客心，功臣处处献丹忱。
沙尘滚滚难开眼，热浪炎炎易失音。
短合亲人情不尽，长离知己意弥深。
小儿将父作娘舅，顿使英雄泪满襟[①]。

注①：一筑路工常年在外施工，回家探亲，其儿不识父，随其姐之子呼舅，遂泪下。

建　桥　人（七绝）

熊品莲

劈山开路气吞云，截角填沟跨比邻。
千里荒原高速远，长桥永忆筑桥人。

作者简介：熊品莲，女，诗人，宁夏诗词学会会员。

高速公路之歌（七言排律）

王文华

朔方建设打先锋，高速宏开气势雄。
艰苦施工铺富路，精心设计铸长龙。
熏蒸炙烤炎炎夏，冷冻寒吹烈烈冬。
改革创开新世纪，四严三老好作风。
精研细算快修路，巧运妙筹多利农。
纵联平原出南北，横亘长河接西东。
千年伟业千年盛，万里江山万里通。
饱览工程增浩气，宏图崛起颂丰功。

赞女工程技术人员（七律）

王文华

披沙浴雪顶狂风，哪管男工与女工，
寸寸桥成无昼夜，天天路进有芳容。
严冬厚帽遮乌发，酷暑红颜变紫铜。
身献宁夏无怨悔，丹心永向太阳红。

高速防撞护栏赞（七律）

王文华

条条柱柱骨铮铮，步步排排亮晶晶。
臂联跨越山河险，足立挺拔神气清。
身正意坚宽顺重，路长车快稳安平。
护防自有长城在，宁夏争先大业兴。

大型立交美化赞（七律）

王文华

沃野平原高速建，精心设计巧施工。
苜蓿叶展车流快，喇叭轮开路畅通①。
绿地千畦迎旅客，花坛百卉织霓虹。
山川秀美成彩画，兀立尽显筑路魂。

注①：苜蓿叶、喇叭，是高速公路互通立交的两种平面线型。

赞高有生[①]（七律）

王文华

修桥筑路数十春，半百拼搏病满身。
默默年华悲日短，长长彩带喜延伸。
无心厚禄思公仆，有志高风铸路魂。
待到通途联海陬，心花瓣瓣献于君。

注①：高有生，宁夏公路工程局第二工程处老职工，优秀共产党员，常年抱病坚持工作，2000年7月2日在高速公路建设期间病逝。

山坡羊·高速公路招投标赞

王文华

工程似蜜，竞标蜂聚。暗箱操作多猫腻。树廉旗，志不移。公开公正“选女婿”，竞争择优靠实力。中（标），也满意；落（标），也满意。

作者简介：王文华，自治区党委纪律检查委员会原常委，宁夏诗词学会名誉副会长。著有《文华诗词选集》。

咏桥（七律）

闫世杰

滔滔金水复来往，镶嵌长虹白玉妆。
东汇千流驰坦途，西停百舸欲征航。
秋波远映青山碧，春浪轻荡翠柳香。
盛世朔方添美景，车流不尽浩歌扬。

作者简介：闫世杰，宁夏汽车运输总公司退休职工，宁夏诗词学会会员。

仿满江红·女筑路工

苏小杭

巾帼豪情，皆付予、滚滚沙尘。弃红装、轻挽云鬓，半遮玉容。风疾雨骤更娉婷，芙蓉笑绽大漠中。纤纤手、巧绘路腾龙，桥如虹。

秋风劲，归鸿急。残照中，人独立。恨望断大漠、离愁如织。面映霞光写风流，身披黄沙著春秋，热泪倾，回眸身后路，画图里。

路　　魂

苏小杭

热汗作墨，大地为纸。
默默诠释时代图腾。
傲骨作薪，豪情鼓荡，
烈烈燃尽毕生热情。
东风高歌，路作巨弦，
奏响人生铿锵乐章。
沧海桑田，桥树丰碑，
彪炳生命永恒辉煌。

作者简介：苏小杭，宁夏公路工程局第一工程处团支部书记。

贺宁夏建高速路

李　豪

室外沙尘舞，
门窗皆擂鼓①。
塞上建高速，
秦人不畏苦。

注①：第三驻地监理办公室在宁夏与内蒙古交界，地处风沙口。

作者简介：李豪，陕西人，宁夏石中高速公路北段第三驻地监理办公室高级工程师。

筑 路 工 人

姚国伟

筑路工人意志坚，
豪情挥洒宁夏川。
奉献社会写人生，
塞上江南添景观。
高速公路平地起，
胜似彩虹架云端。
今日喜饮庆功酒，
明朝远方战犹酣。

作者简介：姚国伟，高级讲师，宁夏交通学校副校长。

心 语

——写给筑路人的妻子

杨 杰

在路的那头
你为家的琐事而烦恼
在路的这边
我为路的延伸而奔忙

多少次 在梦中
你苦寻着我的身影
醒来却人去屋空
往日的温馨
化为昨天的记忆

烈日下 我挥汗如雨
黄昏后 你黯然伤神

勿抱怨 是理想将你我分开
不必伤悲 是信念将我们隔离
你我远在天涯 却又近在咫尺
心与心的交融 并不受距离的限制
试看那伸向天际的长路
如一条飞舞的彩带
将两颗天各一方的心
紧紧地连在了一起

作者简介：杨杰，宁夏公路勘测设计院工程师。

大地的翅膀

陈晓燕

当如网的高速公路
托起速度的翅膀
人类飞翔的梦想
一天比一天
清晰辉煌
穿过高山江河
亲近大海陆地
再也不是我们人类
丈量不完的奢望

就从这里出发吧
让高原上狂燥的风
到大海柔情的怀抱中
滋润

让大海的涛声
会一会
高原上的晨星吧
海螺吹响草原
夜晚的宁静

高速公路
是大地的翅膀啊
结束隔绝
推开千山万水的艰难
结束分离
连接五湖四海的弟兄

作者简介：陈晓燕，女，宁夏作家协会会员，宁夏诗词学会会员。代表作有《西部的太阳》。

筑路人的行囊

王鸿滨

没有一只行囊
能与筑路人的相比
就是用最标准的尺子
也无法量出它的长短
它装着筑路人
劈山填谷的日子
缩短晨昏的岁月
纵横延伸的走向
和那永无尽头的向往

没有一只行囊
能与筑路人的相比
就是用最精确的天平
也无法掂出它的份量
它装着筑路人
祖国与家庭的砝码
繁华与荒凉的取向
索取与奉献的选择
情的浓缩爱的延长

作者简介：王鸿滨，武警交通二总队五支队宣传干事。

公路三部曲

刘怀章

昨天我们的公路
是一条便道
又窄又弯
汽车驶过冒着黑烟
仿佛吐不尽的怨言
诉说着旅途的艰难

今天我们的公路
又平又宽
像一条黑色的巨龙
编织着地球的经线纬线
汽车驶过风驰电掣
心中的欢快难掩

明天我们的公路
如通向现代文明的门槛
昨天的困苦
今天的辉煌
化作新的起点
谱写新世纪的礼赞

作者简介：刘怀章，宁夏青铜峡市电力建安公司退休职工。

路　缘

贾　斌

走的人多了
也就成了路
你是路的先行者和开拓者
那蛛网般纵横交错的公路
倾注着你的心血和汗水
带着你的希望和祝福
慢慢地
伸向远方

无论严寒酷暑
无论狂风暴雨
天当被 地做床
观日出 听月籁
清风为伴
怪石作友
天地悠悠
任凭你
纵横驰骋

不知有多少个不眠之夜
不知磨破多少鞋底
才使得你
胸藏沟壑
腹隐江山
勾勾画画
一张张　一幅幅
设计蓝图跃然纸上

又是多少个日日夜夜
或压路机旁摊铺机边
或吊车起吊肩挑背扛
一寸寸　一尺尺
在你的眼中
那公路
昂首盘旋
宛若巨龙腾空而去

这里
没有城市的鼎沸喧哗
没有父母妻儿的殷殷细语
有的是
移山倒海的恢宏气势
筑路家庭的切切情谊
冬去春来　寒来暑往
逢山开路　遇水架桥
大漠连江海　高原通坦途

路
就这样在你的脚下
延伸
不知不觉中
韶华已逝
鬓发霜染

作者简介：贾斌，宁夏石中高速公路北段工程建设指挥部工程师。

我 热 爱 桥

郭文龙

我热爱桥。

热爱生活之桥、生命之桥、岁月之桥、友谊之桥，更热爱我们交通人用自己的双手与智慧，架起的一座座遍布宁夏山川的拱桥、钢桥、立交桥……

年复一年，五十载岁月，从这端到那端，过江，过河，过断壁，过云崖，我们交通人不知修架了多少气势恢宏的一座又一座虹桥。

我热爱桥。

路也是桥，是沟通异地、连接两域的大陆桥；桥也是路，路到绝处便是桥，桥是路的延伸，路的点缀。因此，有人说，今天筑起多少路，未来就有多少桥。

我热爱桥。

热爱我们亲手建起的每一座桥、每一条路，我们青春的岁月与火热的情感，铸在桥上，融在路中。

桥连接的不但是看得见的此岸与彼岸，还寄托着我们交通人今天与明天的企盼。

我热爱桥，更热爱那些日日夜夜为桥的屹立而无私奉献的人，他们也是一座座桥！

作者简介：郭文龙，宁夏公路工程局工程师。

大　事　记

1997年

8月22日　宁夏交通厅委托中国公路工程咨询监理总公司北京路捷工程咨询有限公司和宁夏公路勘测设计院编制石中高速公路北段项目建议书。

12月　项目建议书编制完成。

1998年

5月19日　自治区计委和交通厅组织沿线各市、县（区）的负责人和区内公路专家，评审项目建议书并予通过。

7月12日　交通厅委托宁夏公路勘测设计院编制石中高速公路北段工程可行性研究报告。

8月13日　交通厅向交通部呈报石中高速公路北段项目建议书。

8月20日　工程可行性研究报告编制完成。

8月25日　自治区计委组织沿线市、县（区）政府负责人和区内公路专家，初审工程可行性研究报告并予通过。

8月26日　交通厅向交通部呈报工程可行性研究报告。

9月25日　交通部专家组来宁审查工程可行性研究报告。

11月30日　交通部批复工程可行性研究报告。批复明确，为加快公路建设，不再审批其项目建议书，一次性审批工程可行性研究报告。同意路线起自宁夏与内蒙古交界的麻黄沟，接内蒙古自治区规划建设的临河至麻黄沟公路，经石嘴山区、平罗县、惠农县，止于姚伏镇，接在建的姚伏至叶盛公路，全长73公里；在石嘴山、惠农和平罗设互通式立交3处；全线采用4车道高速公路标准，车速度采用80公里/小时，路基宽24.5米，桥涵车辆荷载采用汽车－超20级，挂车－120；总投资控制在12.6亿元以内（未含建设期贷款利息）；建设工期3年。

12月15日　交通厅向国家环境保护总局呈报了《国道主干线丹东——拉萨公路（宁夏境）麻黄沟至姚伏段公路环境影响评价大纲》。

1999年

2月5日　宁夏公路勘测设计院完成工程初步设计文件。

2月8~14日　自治区计委、交通厅组织专家初审初步设计，形成初审意见。

3月22日　自治区政府办公厅以宁政办发[1999]31号文下发了《关于成立石中高速公路建设领导机构的通知》。为加强领导，确保工程质量和如期完成建设任务，自治区人民政府决定成立石中高速公路建设领导小组（原姚叶高速公路建设领导小组不再设立）及南、北段工程建设指挥部和南、北段征地拆迁指挥部。自治区副主席王全诗任建设领导小组组长，自治区政府副秘书长李双金、交通厅厅长海巨增、计委副主任赵春起、石嘴山市市长马瑞文和吴忠市市长杨永山为副组长。交通厅厅长海巨增任北段工程建设指挥部指挥长，副厅长张包平、总工程师方从贯和副总工程师周舒任副指挥长。石嘴山市市长马瑞文任北段征地拆迁指挥部指挥长，副市长刘昆、徐占海，市政府办公室主任王万忠，石嘴山区区长刘占学，惠农县县长黄占福，平罗县县长邢国海和市土地房产管理局局长沈真任副指挥长。

4月9日　国家环境保护总局审查了北段环境影响评价大纲，认为大纲评价因子筛选准确，重点突出，评价方法可行，可以作为开展环评工作的依据。

4月16日　北段征地拆迁第一次协调会议在平罗县召开，交通厅领导海巨增、张包平和石嘴山市、平罗县、惠农县政府负责人参加会议。这次会议拉开了北段工程征地拆迁工作的序幕。会上，沿线市、县（区）领导一致表示要顾全大局，支持公路建设。

5月10日　交通厅向交通部呈报环境影响评价报告书。

5月14日　北段工程征地拆迁协调会议在石嘴山市召开，自治区政府办公厅副秘书长李双金、交通厅厅长海巨增、石嘴山市市长马瑞文及自治区有关部门、石嘴山区、惠农县、平罗县政府负责人出席了会议。会议就征地拆迁、补偿标准、优惠政策等有关问题达成一致意见，形成会议纪要。

5月20日　自治区政府以宁政函[1999]51号文批复，同意贷款建设北段工程，贷款本息由收取的车辆通行费偿还。

6月22~25日　交通部组织专家来宁审查初步设计。

7月2日　交通部环境保护办公室在银川主持召开北段工程环境影响报告书预审会。国家环境保护总局环境工程评估中心、自治区环保局、指挥部、设计单位的代表及特邀专家参加会议。

7月8日　指挥部与宁夏文物局签订公路用地范围内文物保护协议。

7月12日　自治区水利厅审查水土保持初步设计。

8月13日　自治区水利厅批复水土保持初步设计。

8月14日　交通部李居昌副部长一行在交通厅厅长海巨增等陪同下，详细了解北段工程的前期准备工作，要求抓紧时间，力争早日开工。

8月27日　交通部批复初步设计。同意路线起自宁夏和内蒙古交界的麻黄沟，止于姚伏。全长73.286公里，设3处互通式立交。全线采用4车道高速公路标准，计算行车速度80公里/小时，路基宽24.5米。桥涵车辆设计荷载采用汽车－超20级，挂车－120。投资总概算核定为1,419,789,663元（含建设期贷款利息）。项目总工期（自开工之日起）3年。

9月9日　经过招投标，兰州铁路工程总公司第二分公司、宁夏公路工程局、银川第二市政有限责任公司、宁夏公路管理局、宁夏公路第二工程处分别中标路基、桥涵2、3、4、5标段。

9月10日　自治区政府以宁政发[1999]99号文发出《关于重点公路建设项目给予优惠政策扶持的通知》，明确了8项优惠政策。

9月19日　经过招投标，宁夏公路机械筑路处、宁夏公路第三工程处和宁夏公路第一工程处分别中标路基、桥涵6、7、8标段。

9月25日　北段工程全面开工建设。

11月2日　指挥部组织现场观摩交流，互相学习质量控制和现场管理、钻孔灌注桩施工技术等。

11月4日　指挥部决定实行建设管理月末综合考评和月初调度会议制度。

11月7~9日　首次进行月末综合考评。

11月13日　自治区党委副书记任启兴在交通厅厅长海巨增、副厅长张包平等陪同下，视察正在建设中的北段施工情况。

2000年

3月7~9日　总监办举办了以监理规范、办法、程序和合同管理等为主要内容的监理工程师培训班。

3月12~14日　总监办组织了施工单位项目经理培训班，培训内容为质量控制、进度控制、计量支付、设计变更程序、现场管理和文明施工等。

4月24日　国土资源部以国土资函[2000]279号文批准麻黄沟至姚伏高速公路建设用地365.6907公顷。

5月1日　自治区副主席王全诗在交通厅领导海巨增、张全太、张包平、韩广昌等陪同下，看望节日期间坚守工作岗位的筑路员工。

5月10日　自治区政府以宁政土批字[2000]44号文向石嘴山市人民政府下发了《关于麻黄沟至姚伏高速公路工程建设用地的批复》，同意将石嘴山区、惠农县、平罗县的农用地、农村集体土地244.9155公顷征为国有土地，连同国有土地120.7752公顷，合计365.6907公顷，划拨给宁夏石中高速公路北段工程建设指挥部，作为麻黄沟至姚伏高速公路建设用地。

7月19日　交通厅组织检查北段第二个公路建设质量年活动开展情况，肯定了成绩，指出了不足。

8月8日　建设银行宁夏分行向北段工程贷款6.5亿元协议签字仪式在银川举行，自治区副主席王全诗等出席签字仪式。

8月15日　指挥部组织召开专家会议，研讨防治薄壁桥台纵向裂缝问题，提出在混凝土中增加玻璃纤维等措施。

9月14日　经过招投标，宁夏公路工程局中标北段路面工程。

10月1日　宁夏交通厅公路工程质量监督站对3A合同段路基、桥涵工程进行了交工验收质量评定。

10月6日　路面工程开工。

11月20日　国家财政部驻宁夏特派员办公室通报北段工程资金使用审计情况。

12月20日　指挥部召开年度总结表彰大会，对在综合考评中荣获施工前三名的银川市第二市政有限责任公司、宁夏公路第三工程处、宁夏公路管理局和荣获监理第1名的第一驻地办给予奖励。

2001年

1月22日　国家环境保护总局以环审[2001]18号文下发《关于丹拉国道主干线（宁夏境）麻黄沟至姚伏段公路环境影响报告书审查意见的复函》，同意交通部和自治区环境保护局的审查意见。

3月26日　指挥部组织召开路面基层配合比专题技术会议，研究执行新规范中出现的一些具体问题，提出保证路面施工质量的具体措施。

3月27日　宁夏交通厅公路工程质量监督站对路基、桥涵3B、7、8合同段进行交工验收质量评定。

4月16日　经过招投标，宁夏华通达实业有限公司和北京中咨华科交通工程有限公司中标交通安全工程2、3合同段。

5月1日　自治区副主席王全诗在交通厅领导海巨增、张全太、张包平、周舒等陪同下，看望节日期间坚守工作岗位的筑路员工。

5月18日　指挥部组织召开路面上面层施工技术专题会议，根据试验路的情况，确定了路面面层配合比。

7月6日　自治区政协副主席梁俭一行15人在交通厅副厅长周舒陪同下，视察建设工地。

8月7日　经过招投标，上海交技发展股份有限责任公司中标机电工程（收费系统）。

8月24日　石嘴山市的离休老干部在交通厅长海巨增陪同下参观建设工地。

8月28~29日　宁夏交通厅公路工程质量监督站对平罗至姚伏段的路面、交通安全工程进行交工验收质量评定。

8月31日　石中高速公路北段平罗至姚伏段建成通车试运行。自治区副主席王全诗出席通车仪式，10名建设功臣为通车剪彩。

9月5~30日　国家审计署驻成都特派员办公室对项目进行全面审计，并通报了审计情况。

9月13日　自治区党委书记、人大常委会主任毛如柏在交通厅领导海巨增、张全太等陪同下，视察建设工地。

10月17日　交通厅组织检查北段开展第三个公路建设质量年活动情况。

10月27~11月1日　交通部公路检测中心对北段公路几何线形和路面厚度、平整度、弯沉值、抗滑指标进行了检测。

11月5日~20日　国家发展计划委员会检查组来宁检查北段工程执行招投标法情况。

11月8日　宁夏交通厅公路工程质量监督站对石嘴山至平罗段路面、交通安全及附属工程等进行交工验收质量评定。

11月12日　石中高速公路北段石嘴山至平罗段建成通车试运行。

附　录

A、交通部《关于麻黄沟至姚伏公路可行性研究报告的批复》

(交规划发[1998]723号)

宁夏回族自治区交通厅：

你厅《关于报送国道主干线丹东——拉萨公路(宁夏境)麻黄沟至姚伏段工程可行性研究报告的报告》(宁交发[1998]047号)收悉。经审查，同意建设丹拉国道主干线麻黄沟至姚伏公路。为加快该公路建设，不再审批其项目建议书，一次审批可行性研究报告。现对该路的可行性研究报告批复如下。

一、同意路线起自宁蒙交界麻黄沟，接内蒙古自治区规划建设的临河至麻黄沟公路，经石嘴山、平罗，止于姚伏，接在建的姚伏至叶盛公路，全长约73公里。

同意在石嘴山、惠农和平罗3处设置互通式立交。

二、同意全线采用4车道高速公路标准，行车速度采用80公里／小时，路基宽度24.5米。桥涵设计车辆荷载采用汽车－超20级，挂车－120。其他技术指标应符合我部颁发的《公路工程技术标准》(JTJ001—97)中的规定。

三、该路建设总投资控制在12.6亿元以内(未含建设期贷款利息)。建设资金来源：我部用专项基金安排投资3.78亿元，作为国家投入的资本金；其余资金由你区自筹解决(含国内商业银行贷款)。

四、该路的建设工期为3年。麻黄沟至石嘴山段约7公里与内蒙古境内路段同步建设。

五、在初步设计阶段需注意的问题：

1、进一步做好局部路线方案比选，做好与内蒙古接线位置的协调设计。

2、结合预测交通的流量和流向，深化互通立交型式的比选。

3、深化水文调查，充分考虑贺兰山区降水量小但雨量集中、山洪迅猛的特点，做好路基排水及防护设计。

4、进一步与铁路、文物等部门协商，并取得书面协议。

希望认真做好该路的初步设计工作，初设文件报部审批。

1998年11月30日

B、交通部《关于麻黄沟至姚伏公路初步设计的批复》

(交公路发[1999]441号)

宁夏回族自治区交通厅：

你厅《关于报送国道主干线丹东——北京——拉萨公路（宁夏境）麻黄沟至姚伏段高速公路初步设计文件的报告》(宁计基发[1999]085号)及初步设计文件、补充初步设计文件收悉。根据我部《关于麻黄沟至姚伏公路可行性研究报告的批复》(交规划发[1998]723号)确定的建设规模、技术标准和总投资，经组织专家现场审查，现批复如下：

一、麻黄沟至姚伏公路起于宁蒙交界处麻黄沟，接内蒙古自治区规划建设的临河至麻黄沟公路，经石嘴山、平罗，止于姚伏，与在建姚伏至叶盛公路相连，全长73.286公里。其中，预留起点至石嘴山段7公里与内蒙古境内路段同步建设。

同意全线在石嘴山、惠农和平罗设置三处互通式立交。

核定全线管理、养护及服务房屋建筑面积18,238平方米，占地203亩。

二、同意全线采用四车道高速公路标准建设，计算行车速度80公里/小时，路基宽度24.5米。桥涵与路基同宽。

同意全线桥涵设计车辆荷载采用汽车超-20级、挂车-120，地震基本烈度七度。其余技术指标应符合部颁《公路工程技术标准》(JTJ001—97)规定值。

三、原则同意采用初步设计推荐的路线方案。施工图设计阶段应根据“审核意见”要求，适当调整局部线位。取消石大路至红礼路连接线，以减少工程数量，改善线形。

四、初步设计应与本项目相干扰的铁路、水利、文物、管线、电力电讯及其它相关建筑设施的主管部门签订责任明确的书面协议，以确保本项目顺利实施。

五、原则同意初步设计采用的路基标准横断面型式和一般路基设计原则。详勘及施工图设计阶段应加强盐渍土、苇湖和鱼塘等不良地质问题的处治和特殊路基的设计，结合路线平、纵面线形的调整，降低路堤填土高度，以节省工程数量。同时，应加强排水和防护工程设计。

六、根据路面使用要求，结合沿线气候、水文、土质和材料供应情况，同意采用初步设计推荐的沥青混凝土路面方案和结构组合设计，面层厚12厘米。施工图设计阶段应进一步完善路面基层设计。

七、初步设计桥型选择和孔跨布置基本合理，施工图设计阶段应在详勘资料的基础上进一步结合地形和地质情况，现场调整落实桥位处平、纵面线位，合理确定桥长和基础埋置深度。同时，应加强施工方案设计，并对非部颁现行标准图纸设计的特殊桥涵构造物进行严格审查，以确保结构工程安全可靠和使用质量。

八、全线互通式立交总体布局基本合理。施工图设计阶段应按“审核意见”要求对各互通式立交进行调整，以提高互通式立交的通行能力和服务水平。

九、原则同意初步设计关于管理设施、安全设施、服务设施、收费系统、监控系统和通信系统的设置方案。施工图设计阶段应根据“审核意见”要求，对各设施和系统规模进行调整，以节约先期投入，提高经济效益。

十、麻黄沟至姚伏公路初步设计总概算核定为1，419，789，663元(含建设期贷款利息)。主要材料核定为：木材3,676立方米；钢材12,589吨；水泥93,971吨；石油沥青31,391吨。

鉴于本项目规模大，标准高，希你厅认真组织建设单位，严格按基本建设程序办事，按本批复要求修改后编制招标文件，招标文件报部审查。做好开工前的各项准备工作，抓紧时间招标，择优选定施工队伍，加强工程监理，确保工程质量。项目总工期(自开工之日起)3年。

1999年8月27日

C、自治区人民政府办公厅《关于成立石中高速公路建设领导机构的通知》

(宁政办发[1999]31号)

固原行署，各市、县(区)人民政府，自治区政府各部门、各直属机构：

国道主骨架公路丹东——拉萨线(宁夏境内)麻黄沟至姚伏、叶盛至中宁高速公路，已经交通部批准，即将开工建设。这两项工程和在建的姚叶高速公路连接，北起石嘴山、南讫中宁，简称石中高速公路(其中：麻黄沟至姚伏段简称石中高速公路北段；叶盛至中宁段简称石中高速公路南段)。石中高速公路是我区跨世纪的重点交通工程建设项目，建成后将成为纵贯我区南北的高速大通道，极大地改善我区公路交通状况，对全区经济发展具有非常重要的促进作用。整个工程投资大，征地拆迁及施工建设任务十分繁重。为加强领导，确保工程质量和如期完成建设任务，自治区人民政府决定成立石中高速公路建设领导小组(原姚叶高速公路建设领导小组不再设立)及南、北段工程建设指挥部和南、北段征地拆迁指挥部。现将组成人员名单通知如下：

一、石中高速公路建设领导小组

组　长：王全诗　　自治区副主席

副组长：李双金　　自治区政府副秘书长

　　　　海巨增　　自治区交通厅厅长

　　　　赵春起　　自治区计委副主任

　　　　马瑞文　　石嘴山市市长

　　　　杨永山　　吴忠市市长

成　员：毛国芝　　自治区财政厅副厅长

　　　　白金慈　　自治区党委组织部副部长

　　　　王邦秀　　自治区党委宣传部副部长

　　　　王国桢　　自治区公安厅助理巡视员

　　　　马　力　　自治区建设厅总工程师

　　　　吴洪相　　自治区水利厅副厅长

　　　　王向东　　自治区电力局总工程师

　　　　吴国忠　　自治区土地管理局副局长

　　　　马金柱　　自治区地税局党组书记

　　　　张全太　　自治区交通厅副厅长

　　　　张包平　　自治区交通厅副厅长

领导小组办公室设在自治区交通厅，李双金兼任办公室主任，张全太、张包平、严军(区政府办公厅秘书二处)兼任办公室副主任。

二、石中高速公路南段工程建设指挥部

指 挥 长：海巨增　　自治区交通厅厅长

副指挥长：张全太　　自治区交通厅副厅长

　　　　　方从贯　　自治区交通厅总工程师

　　　　　周　舒　　自治区交通厅副总工程师

指挥部组成人员由自治区交通厅自定。

三、石中高速公路北段工程建设指挥部

指 挥 长：海巨增　　自治区交通厅厅长

副指挥长：张包平　　自治区交通厅副厅长

方从贯　　自治区交通厅总工程师

周　舒　　自治区交通厅副总工程师

指挥部组成人员由自治区交通厅自定。

四、石中高速公路北段征地拆迁指挥部

指 挥 长：马瑞文　　石嘴山市市长

副指挥长：刘　昆　　石嘴山市副市长

徐占海　　石嘴山市副市长

王万忠　　石嘴山市政府办公室主任

刘占学　　石嘴山区区长

黄占福　　惠农县县长

邢国海　　平罗县县长

沈　真　　石嘴山市土地房产管理局局长

指挥部成员、办公室负责人及石嘴山区、惠农县、平罗县各设指挥分部的组成人员由石嘴山市政府自定。

五、石中高速公路南段征地拆迁指挥部

指 挥 长：杨永山　　吴忠市市长

副指挥长：刘天贵　　吴忠市副市长

王明忠　　吴忠市副市长

马崇林　　吴忠市政府办公室主任

马英杰　　利通区区长

王儒贵　　中宁县县长

杜正彬　　青铜峡市市长

(暂缺)　　吴忠市土地局局长

指挥部成员、办公室负责人及青铜峡市、利通区、中宁县各设指挥分部的组成人员由吴忠市政府自定。

1999年3月22日

D、自治区人民政府《专题会议纪要》

1999年5月14日，受王全诗副主席委托，自治区人民政府副秘书长李双金在石嘴山市主持召开会议，专题研究了石嘴山——中宁高速公路北段麻黄沟——姚伏段高速公路建设有关优惠政策问题。自治区交通厅、土地局、林业厅、水利厅等部门和石嘴山市及平罗县、惠农县的有关负责同志参加了会议。会议听取了交通厅关于麻黄沟——姚伏段高速公路建设情况的汇报，各部门和市、县充分发表了意见，并就有关问题达成了一致。

会议指出，国道主骨架公路丹东——拉萨线宁夏境内石嘴山——中宁段高速公路(简称石中高速公路)是我区跨世纪的重点公路建设工程。石中高速公路北起石嘴山麻黄沟，经姚伏、银川、叶盛至中宁，全长253公里。目前，石中高速公路中段姚叶高速公路正在加紧建设，北段(麻黄沟－姚伏)和南段(叶盛－中宁)已经交通部批准立项，将于今年下半年开工建设。石中高速公路是我区紧紧把握国家加大对基础设施建设投入的机遇，经过积极努力而争取到的重大建设项目之一，工程建成后，将形成一条纵贯宁夏平原的快速大通道，对我区公路交通现代化建设和国民经济持续快速发展具有重大意义。该项工程投资巨大，除争取到的国家补助资金外，地方还需筹集大量资金，还贷压力很大，必须给予必要的政策扶持。征地拆迁是工程建设的重要基础工作，考虑到我区经济还比较落后、财力还比较弱的实际，要按照依法从低的原则确定土地补偿费和安置补助费的补助标准，公路沿途各市、县政府及自治区有关部门要从大局出发，在征地拆迁、有关税费减免等方面给予大力支持，为工程施工创造良好的环境，保证高质量地按时完成工程建设。

会议就有关问题决定如下：

一、麻黄沟——姚伏高速公路建设征地拆迁实行低限补偿，耕地平均每亩8000元，荒地平均每亩1000元，复线占地平均每亩6000元，具体补偿标准由市、县政府根据当地实际确定。全部补偿费由石嘴山市人民政府按照“节余归己、超支不补”的原则包干，根据被征用土地的实际情况调剂使用。考虑到地方政府征地拆迁的实际困难和工作需要，自治区交通厅可适当给予石嘴山市、平罗县、惠农县人民政府增加一些工作费用，并在今后的县乡公路建设中适当给予补助。

二、该项工程建设征用土地的青苗补偿费和地上附着物拆迁补偿费及水利工程费等，按姚叶公路标准执行。

三、该项工程建设的不可预见费，由自治区交通厅统一划拨给石嘴山市政府管理使用，节余留用，超支不补。

四、该项工程的征地管理费参照古王公路标准，按比例分别拨付给自治区土地局和石嘴山市政府(各1.4%)。

五、该项工程征占用林地的植被恢复费由自治区林业厅统一管理使用，征占用林地手续由林业厅抓紧办理。

六、该项工程施工沿线的水利设施保护和水土保持问题，由自治区交通厅与水利厅协商，抓紧制定规划并尽快审批实施。

七、该项工程的征地拆迁工作由石嘴山市政府统一负责，争取在6月底前完成；征地报批工作由自治区土地局负责，自治区交通厅协助，尽快上报国土资源部审批；耕地占补平衡规划由自治区政府另行考虑安排。为便于项目实施，交通厅要与自治区土地局签订建设用地统征协议，与石嘴山市政府签订征地拆迁协议，明确各方责任和义务，相互协调配合，共同做好工程建设的各项工作。协议签订后，自治区交通厅要及时将征地拆迁补偿费、不可预见费和征地管理费分别拨付给石嘴山市政府和自治区土地局，石嘴山市政府要将补偿费按具体补偿标准及时拨付给平罗县和惠农县，抓紧开展工作，按时完成征地拆迁任务，保证麻黄沟——姚伏高速公路尽早开工建设。

此外，涉及该项工程建设的有关税费减免、电力及通信杆线的迁移等其他事宜，由交通厅与自治区有关部门协商解决，重要事项及时报请自治区人民政府研究决定。

参加会议人员：自治区交通厅海巨增、张包平、杨有明，土地局吴国忠、周进福，林业厅刘荣光、荣琦，水利厅范向阳，石嘴山市马瑞文、徐占海，平罗县石太保，惠农县安学明，自治区政府办公厅严军。

1999年5月18日

E、自治区人民政府《关于对重点公路建设项目给予优惠政策扶持的通知》

(宁政发[1999]99号)

固原行署，各市、县（区）人民政府，自治区有关部门：

去年以来，国家采取积极财政政策，加大对基础设施建设的投入，启动国内需求，拉动国民经济的增长，为我区加快发展提供了难得的机遇。自治区党委、政府高度重视，迅速部署，有关部门积极开展工作，争取到了国家大量的补助资金，全面加快了交通等重大基础设施建设步伐，有力地拉动了国民经济的增长。

公路建设新开工项目多，等级高，进度快，国道主干线丹东——拉萨公路石嘴山至中宁段高速公路（简称石中高速公路），是我区跨世纪的交通重点建设工程，其中姚叶高速公路部分路段可望今年10月份通车；古（窑子）王（圈梁）一级公路是国道主干线青岛——太原——银川公路的一部分，也是我区通往东部地区的快速通道；盐兴公路东起盐池县城，跨越盐环定、红寺堡、兴仁堡三大扬黄灌区，西与109国道相连，既是宁夏公路主骨架“三纵五横”的中部干线，又是一条扶贫干线公路。这三条公路建成后，对改善我区路网结构，实现公路交通现代化，进一步改善投资环境，促进对外开放与交流，以及加快革命老区经济发展，都具有十分重要的意义。

高等级公路建设项目资金投入量大，工程拆迁及施工任务重，各方面必须给予支持和协助。为了加快重点公路建设步伐，缓解建设资金不足的矛盾，自治区人民政府决定对石中高速公路、古王一级公路和盐兴公路等重点公路建设项目给予优惠政策，以保证工程顺利实施。

一、重点公路建设占用耕地税，由自治区交通厅统一向当地财政部门交纳，先征后返，即征即返。

二、重点公路建设施工营业税，由自治区交通厅统一缴入自治区金库，由自治区财政厅返还自治区交通厅。

三、重点公路建设单位异地采挖砂石和土，按规定办理采矿证，免征矿产资源补偿、采矿权使用费。

四、重点公路建设水土保持规划由自治区交通厅与有关部门协商制定并负责实施，进行恢复性治理。有关部门按双方协议、治理方案检查验收。免收水土流失防治费。

五、重点公路建设临时用地（包括取土场），由建设单位负责复垦，土地行政主管部门会同有关部门按复垦协议验收。

六、公路建设征用耕地占补平衡方案，由自治区土地管理局和交通厅根据全区总体占补平衡的实际情况协商编报。开垦费优惠幅度报自治区人民政府审批。

七、在城市规划区范围之外的公路附属配套设施建设，免交城市基础设施配套费、人防结建费、墙改费等收费。

八、电力、电信、邮电、广播、电视、地下管道及其它管线的拆迁，只补贴移改工程直接费。

各地、各有关部门要从大局出发，互相配合，引导沿线群众积极支持自治区公路建设，不得层层叠加重复收费。对漫天要价、无理阻挠施工的要采取措施，坚决予以制止。

1999年9月10日

F、自治区人民政府《关于同意贷款建设石中高速公路南北段的批复》

（宁政函[1999]51号）

自治区交通厅：

报来《关于我区石嘴山至姚伏公路和叶盛至中宁公路建设项目贷款修路、收费还贷的请示》（宁交发[1999]27号）收悉，经研究，现批复如下：

石（嘴山）中（宁）高速公路南段叶盛至中宁公路、北段石嘴山至姚伏公路，是我区“九五”跨“十五”重点公路建设项目，已经交通部立项批准，计划1999年8月和10月陆续开工建设。这两条公路等级高、投资大，符合交通部、国家计委、财政部《关于在公路上设置通行费收费站（点）的规定》。自治区人民政府同意贷款建设，建成后用收取的车辆通行费偿还贷款本息。

1999年5月20日

G、国家环境保护总局《关于丹东——北京——拉萨国道主干线宁夏回族自治区麻黄沟至姚伏段公路环境影响评价大纲审查意见的复函》

（环监发[1999]39号）

宁夏自治区交通厅：

你厅《关于报送国道主干线丹东——拉萨公路(宁夏境)麻黄沟至姚伏段和叶盛至中宁段公路环境影响评

价大纲的请示》(宁交发[1998]072号)收悉。经研究，现对《丹东——北京——拉萨国道主干线宁夏回族自治区麻黄沟至姚伏段公路环境影响评价大纲》(以下简称“大纲”)提出审查意见函复如下：

一、该大纲评价因子筛选准确，重点突出，评价方法可行，可以作为开展环评工作的依据。

二、在报告书编制中应注意以下问题：

1、根据本工程特点，从环境保护角度对公路选线进行多方案比选。

2、生态环境影响评价范围应扩大至沿线两侧各300—500米，调查并核算基本农田占用量，对水土保持进行重点评价。

3、提出集中取土场地的选址建议，对利用粉煤灰筑路进行论证。

4、明确环境噪声敏感点，并根据保护目标适当调整监测点位。

5、增加公众参与、环境经济损益分析及环境监测管理等内容。

三、评价标准按当地环境功能区划要求的标准执行，尚未确定功能的，由宁夏回族自治区环境保护局行文确认。

四、评价经费按所需投入的实际工作量核算，列出概算细目，执行项目所在地物价部门批准的收费标准。

1999年4月9日

H、国家环境保护总局《关于丹拉国道主干线(宁夏境)麻黄沟至姚伏段公路环境影响报告书审查意见的复函》

(环审[2001]18号)

交通部：

你部《关于对<丹拉国道主干线(宁夏境)麻黄沟至姚伏段公路环境影响报告书>预审意见的函》(交环函字[2000]22号)及宁夏回族自治区环境保护局《对国道主干线丹东——北京——拉萨国道(宁夏境)麻黄沟至姚伏段高速公路环境影响报告书的意见》(宁环发[1999]095号)收悉。经研究，现对《丹拉国道主干线(宁夏境)麻黄沟至姚伏段公路环境影响报告书》(以下简称“报告书”)提出审查意见，函复如下：

一、同意你部预审意见及宁夏回族自治区环境保护局审查意见。该项目起点为宁夏与内蒙古交界的麻黄沟，终点为宁夏平罗县姚伏镇，全长73.286公里，按四车道高速公路标准设计，车速80公里/小时。在落实报告书提出的环境保护措施后，从区域环境保护角度分析，同意该项目建设。

二、项目建设应重点做好以下工作：

1、落实生态保护措施。工程占用土地较多，临时用地及取土场使用后，应以农、林方式进行复垦，恢复植被。在项目施工期，须采取有效措施文明施工，防止对四合木濒危野生植物的破坏。应合理选择取土场，采取集中定点作业方式，不得在四合木生长区路段内取、弃土。施工营地不得设在林地范围内，不得破坏项目周围草地、灌丛，施工废泥沙、废渣不得向河道、沟渠倾倒，防止水土流失，做好水土保持工作。

落实保护措施，保证沿线水利设施正常运行、农田水渠畅通。按国务院关于建设绿色通道的要求，根据当地自然条件特点，落实对公路用地的绿化方案。

2、采取水环境保护措施，防止施工期污水及运营期路面径流对线路经过的芦苇湖和引黄灌渠、鱼塘等造成污染。落实服务区污水处理措施。

3、加强施工期管理，采取措施防止施工对沿线居民点、学校、医院等敏感点的噪声污染。

4、落实环境保护投资及环境监测计划。

三、项目建设应严格执行环境保护设施与主体工程同时设计、同时施工、同时投入使用的环境保护“三同时”制度，落实各项生态保护和生态恢复措施。工程竣工后，建设单位须按规定程序申请环保设施竣工验收；验收合格后，项目方能投入正式使用。

四、请宁夏回族自治区环境保护局及石嘴山市环境保护局负责该项目施工期间的环境保护监督检查工作。

2001年1月22日

I、国土资源部《关于麻黄沟至姚伏高速公路工程建设用地的批复》

（国土资函[2000]279号）

宁夏回族自治区人民政府：

你区《关于宁夏麻黄沟至姚伏高速公路项目建设用地的请示》(宁政发[1999]131号)业经国务院批准，现批复如下：

一、同意石嘴山市、惠农县、平罗县将农用地156.8226公顷(其中耕地102.6133公顷)转为建设用地，其中农村集体农用地109.1067公顷同时办理征用手续，另征用农村集体建设用地9.5134公顷；未利用地126.2954公顷；同意使用国有建设用地5.1566公顷、未利用地67.9027公顷。

以上共计批准建设用地365.6907公顷，划拨给宁夏石中高速公路北段工程建设指挥部，作为麻黄沟至姚伏高速公路工程建设用地。

二、当地人民政府要认真组织落实补充耕地方案，你区土地行政主管部门要对补充114公顷耕地的落实情况进行监督、检查并组织验收，验收结果报国土资源部备查。

三、当地人民政府要严格按照征用土地方案组织落实征地补偿安置工作，切实安排好被征地单位群众的生产和生活。

2000年4月24日

J、自治区水利厅水土保持局《关于麻黄沟至姚伏高速公路工程水土保持初步设计的批复》

（宁水保发[1999]54号）

宁夏石中高速公路北段工程建设指挥部：

你部石北指[1999]12号文《关于国道主干线丹东——北京——拉萨（宁夏境）麻黄沟至姚伏高速公路水土保持初步设计的函》收悉，经研究批复如下：

一、该初步设计内容全面，符合国家水土保持法律法规和技术规范的要求。

二、初步设计提出的水土保持防治责任范围切合实际，水土保持防治措施布局与配置合理，达到了初步设计阶段的要求。

三、同意水土保持工程投资的概算编制依据和原则。核定本设计的水土保持工程静态总投资102.46万元，动态总投资104.91万元，其中水土保持设施补偿费5.46万元。

四、你部应进一步落实防治经费和组织管理工作，按照《水土保持法》规定的“三同时”(建设项目中的水土保持设施，必须与主体工程同时设计、同时施工、同时投产使用)的要求组织实施。主体工程竣工验收时，应由自治区水行政主管部门参加水土保持设施的验收。

五、各有关市、县水行政主管部门及水土保持监督管理机构要加强对本设计实施的监督检查，并按照有关规定对实施情况进行年检。

1999年8月13日

石中高速公路北段主要技术指标

表1

项目	计算行车速度 (km/h)	车道数 (个)	行车道宽度 (m)	中央分隔带宽度 (m)	硬路肩宽度 (m)	土路肩宽度 (m)	路基宽度 (m)	最小平曲线半径 (m)	最大纵坡 (%)	路拱横坡 (%)	路面面层类型	计算行车荷载
技术指标	80	4	3.75	2	2.75	0.5	24.5	3500	2.365	2	沥青混凝土	汽车－超20级

石中高速公路北段工程建设、监督、设计、监理单位

表2

	单位名称	资质等级	法人代表或负责人
建设单位	宁夏石中高速公路北段工程建设指挥部		海巨增
质量监督单位	宁夏交通厅公路工程质量监督站		张 诚
设计单位	宁夏公路勘测设计院	乙级	李建宁
	中国公路工程咨询监理总公司	甲级	王国锋
监理单位	中国公路工程咨询监理总公司	甲级	王国锋
	宁夏华吉监理咨询有限公司	临甲级	李建宁
	山西晋达交通工程监理所	甲级	王庆绵

石中高速公路北段工程施工单位简况

表3

合同段	工程量（Km、m2）	施工单位	资质等级	法人代表或负责人
路基、桥涵1A	4.00	宁夏公路机械筑路处	公路二级	陶永红
路基、桥涵1B	4.00	宁夏银川第二市政有限责任公司	兼营公路二级	李传忠
路基、桥涵1C	4.00	宁夏公路工程局	公路一级	侯建国
路基、桥涵2	2.60	兰州铁路第二工程公司	兼营公路二级	许志文
路基、桥涵3A	3.00	宁夏公路工程局	公路一级	侯建国
路基、桥涵3B	6.90	宁夏银川第二市政有限责任公司	兼营公路二级	李传忠
路基、桥涵4	12.50	宁夏公路管理局	公路二级	黄雅杭
路基、桥涵5	8.70	宁夏公路第二工程处	公路二级	侯　立
路基、桥涵6	8.30	宁夏公路机械筑路处	公路二级	陶永红
路基、桥涵7	2.00	宁夏公路第三工程处	公路二级	张兴国
路基、桥涵8	17.28	宁夏公路第一工程处	公路二级	鲍学员
路面1	25.00	宁夏公路工程局	公路一级	侯建国
路面2	36.28	宁夏公路工程局	公路一级	侯建国
路面3	12.00	宁夏公路工程局	公路一级	侯建国
桥梁伸缩缝	3.95	上海紫江橡胶制品有限公司		沈　雯
通信管道2	62.73	宁夏移动通信顺达公司	通信施工暂二级	侯随宁
交通安全2	31.00	宁夏华通达实业有限公司	交通工程安全设施	上官甦
交通安全3	31.73	北京中咨华科交通工程有限公司	交通工程安全设施	杨新普
机电工程	73.27	上海交技有限公司	机电工程综合施工	黄忠秀
石嘴山收费站	2271.00	宁夏煤炭基本建设公司	工民建一级	庄献勇
惠农收费站	1157.00	宁夏新月建筑有限公司	工民建二级	朱江成
平罗收费站	1478.00	宁夏对外建筑公司	工民建一级	樊自保
收费广场	3390.00	宁夏公路工程局	公路一级	侯建国
收费天棚	1982.14	江苏火花集团徐州市银龙钢结构有限公司	钢结构、网架施工二级	张友好
环保绿化1	24.52	宁夏公路管理局	公路二级	黄雅杭
环保绿化2	29.47	灵武添保治沙造林有限公司	水利工程乙级	王有德
环保绿化3	19.27	宁夏鹏程实业发展有限公司	城市园林三级	何华沣

石中高速公路北段合同段划分及主要工程数量（1）

项目：路基、桥涵工程　　　　表 4a

项目 \ 合同段		1A K0+000 ~ K4+000	1B K4+000 ~ K8+000	1C K8+000 ~ K12+000	2 K12+000 ~ K14+600	3A K14+600 ~ K17+600	3B K17+600 ~ K24+500	4 K24+500 ~ K37+000	5 K37+000 ~ K45+700	6 K45+700 ~ K54+000	7 K54+000 ~ K56+000	8 K56+000 ~ K73+275	合计
路基填方（m^3）		238666	283713	317190	632941	342319	674971	1627525	1009166	1017279	592474	1770536	8506780
互通立交	主线桥（m/座）			8.00/1	13.50/1			105.48/2			125.48/2		252.46/6
	匝道桥（m/座）			131.48/2	8.00/1						75.74/1		215.22/4
分离立交（m/座）					157.20/1	97.20/1	49.74/1	45.74/1	104.08/2			45.74/1	499.70/7
桥梁	大　桥（m/座）	212.20/2	212.20/2			106.10/1							530.50/5
	中　桥（m/座）	178.30/3	132.20/2				67.74/1						378.24/6
	小　桥（m/座）	31.50/3	19.74/1									16.54/1	67.78/5
	通道桥（m/座）	33.04/2	36.04/2	33.04/2	31.00/2	15.50/1	127.20/6	293.94/15	340.72/16	268.36/12	39.54/1	306.98/17	1525.36/76
箱通（道）						56.80/1		31.07/1	125.84/4	75.71/3		124.44/5	413.86/14
涵洞	箱　涵（道）						26.94/1	73.46/2	35.43/1	65.32/2		207.92/6	409.07/12
	盖板涵（道）	26.99/1	115.46/4	125.48/4	382.93/8	189.41/3	134.00/4	600.00/18	338.73/11	310.75/8	110.99/3	570.05/18	2904.79/82
	圆管涵（道）	76.76/2	68.58/2	99.54/4	104.88/3		979.12/26	1445.16/38	1814.12/43	916.84/21	146.20/7	1681.06/49	7332.26/195

石中高速公路北段合同段划分及主要工程数量（2）

项目：路面、绿化工程　　　　表 4b

合同段 / 项目	路面 1 K12+000 ~ K37+000	路面 2 K37+000 ~ K73+275	路面 3 K0+000 ~ K12+000	绿　化	合　计
路面底基层　（m²）	508245	687079	222984		1418308
路面基层　（m²）	638409	868544	276441		1783394
路面下面层　（m²）	633730	838272	247353		1719355
路面上面层　（m²）	625218	845740	264913		1735871
中央分隔带绿化（Km）				73.27	73.27
互通立交绿化　（m²）				504610.3	504610.3

石中高速公路北段标段划分及主要工程数量（3）

项目：收费站、交通工程　　　　表 4c

标段 项目	石嘴山匝道收费站	惠农收费站	平罗收费站	交通安全1 K0+000 ~ K10+550	交通安全2 K10+550 ~ K41+550	交通安全3 K41+550 ~ K73+275	通信管道1 K0+000 ~ K 10+550	通信管道2 K10+550 ~ K73+275	机电工程 K0+000 ~ K73+275	合计
收费站建筑面积（m^2）	2259	1157	1478							4894
波形钢板护栏（Km）				38.25	125.54	131.62				295.41
公路反光标线（m^2）				9706	34170	34216				78092
公路反光标志牌（个）				264	270	295				829
通讯管道（Km）							10.67	68.77		79.44
车道控制机（套）									34	34
控制室计算机（套）									8	8
收费终端（套）									38	38
摄像机（台）									46	46
监控室监视器（个）									42	42
网络通信器（台）									4	4

后　　记

《延伸的坦途——宁夏石中高速公路北段工程建设纪实》终于如期付梓与读者见面了。从受命编写的那天起，我们就有一个心愿，要像北段工程建设者那样，精雕细刻，精益求精，创造精品。但是，时至今日，我们的压力和不安仍然是巨大的——一本单薄的纪实，真的难以全面记载广大公路建设者创造的辉煌业绩和赤诚无私的奉献，真的难以尽述建设过程中那恢弘的场面和那么多感人至深的故事。

编写过程中，遇到的困难也不少。近几年，宁夏高等级公路建设进入前所未有的大发展时期，开工的项目多，规模大，任务重，广大建设者常年转战在宁夏山川南北，主要精力和时间都倾注在公路建设上；编写人员又全是兼职，都是在完成繁忙的本职工作的同时，利用节假日加班加点编写；而最困难的是，这些可亲可敬的公路建设者，他们的心血和汗水已经渗入大地，他们的困苦和欢乐已经随风而逝，他们的付出和奉献已经化为不断延伸的长路，他们的梦想已经变为新的追求。

本书的编写，始终得到自治区交通厅领导和编纂委员会的关怀和支持。海巨增、韩广昌、张全太、张包平、周舒等交通厅领导和编委会成员及各处室、各有关单位的负责人都认真审阅文稿，给予具体指导，提出了许多宝贵意见；姚叶高速公路工程建设指挥部，石中高速公路北段、南段工程建设指挥部，宁夏公路工程局，宁夏公路勘测设计院，宁夏诗词学会、宁夏作家协会等单位给予了大力支持和热情帮助，人民交通出版社为本书出版付出了心血和辛勤劳动。在此，我们一并深表感谢。

本书的书名由交通厅党组书记、厅长海巨增题写，他还撰写了情真意切的序言《在路上》；开篇《延伸的坦途》，为宁夏著名作家张武采写；上篇《凝固的乐章》，由亲身参加工程建设管理的工程建设指挥部建设处吴永祥、贾斌撰稿；中篇《建设者风采》，有关单位提供了素材和资料；下篇《筑路人礼赞》，是从征集到的大量诗词作品中筛选出来的，宁夏著名诗词作家秦中吟认真审阅了入选诗词；大事记和附录资料由刘红强、辛越男、吕金蓉提供；书中的图片，从不同角度形象生动地反映了北段工程建设历程，由《中国交通报》宁夏记者站组稿，毛永智、梅宁生、段玉章、李书彬、苏保伟、张万玉、陶克图等提供了大量照片；马少平、张鹏等参与了本书部分文字的编写工作。

面对象黑色飘带一样的高速公路，感受象优美乐章一样的建设过程，追寻象铺路石一样平凡而伟大的建设者身影，全体编写人员内心满盈着兴奋和感动，在短短的时间里，征求吸纳各方意见，数易其稿。虽然我们尽了最大努力，但限于水平，加之时间仓促，疏漏和不尽人意之处，敬祈教正。

编者

2002年1月

图书在版编目（CIP）数据

延伸的坦途：宁夏石中高速公路北段工程建设纪实／宁夏回族自治区交通厅编，—北京：人民交通出版社，2002.4

ISBN 7-114-04214-0

Ⅰ.延… Ⅱ.宁… Ⅲ.纪实文学—中国—当代 Ⅳ.I25

中国版本图书馆 CIP 数据核字（2002)第 017147 号

延伸的坦途

——宁夏石中高速公路北段工程建设纪实

作　　者	宁夏回族自治区交通厅
策划编辑	谢仁物
责任编辑	戴慧莉
出版发行	人民交通出版社
社　　址	北京市和平里东街 10 号
邮政编码	100013
电　　话	（010）64298483
经　　销	各地新华书店
制版印刷	深圳市佳信达印务有限公司
开　　本	889 × 1194　1/16
印　　张	8.75
字　　数	95 千
版　　次	2002 年 4 月第 1 版第 1 次印刷
印　　数	2600 册
书　　号	ISBN 7-114-04214-0
定　　价	58.00 元